新时代资源循环科学与工程专业重点规划教材

工业生态学

李灿华　朱书景　主　编

中国建设科技出版社

北　京

图书在版编目（CIP）数据

工业生态学 / 李灿华，朱书景主编. -- 北京：中国建设科技出版社，2024.11. --（新时代资源循环科学与工程专业重点规划教材）. -- ISBN 978-7-5160-4285-4

Ⅰ. X171

中国国家版本馆 CIP 数据核字第 20244VJ528 号

内 容 简 介

本书从工业生态学的基本概念入手，全面介绍和论述了工业发展与生态学的现状、需求、环境容量、工业产品生命周期的应用与研究、产业生态系统与生态工业园等内容，着重介绍了工业发展中的生态设计与应用。

本书旨在帮助读者掌握工业生态学的基本思想、基本理论和基本内容，更好地为工业经济可持续发展服务。同时，本书可作为高等院校环境类专业本科生及研究生教材，也可作为其他专业师生和科技人员的参考书。

工业生态学
GONGYE SHENGTAIXUE

李灿华　朱书景　主编

出版发行：中国建设科技出版社
地　　址：北京市西城区白纸坊东街 2 号院 6 号楼
邮　　编：100054
经　　销：全国各地新华书店
印　　刷：北京雁林吉兆印刷有限公司
开　　本：787mm×1092mm　1/16
印　　张：10.5
字　　数：250 千字
版　　次：2024 年 11 月第 1 版
印　　次：2024 年 11 月第 1 次
定　　价：**49.80 元**

本社网址：www.jccbs.com，微信公众号：zgjskjcbs
请选用正版图书，采购、销售盗版图书属违法行为
版权专有，盗版必究。　本社法律顾问：北京天驰君泰律师事务所，张杰律师
举报信箱：zhangjie@tiantailaw.com　　举报电话：(010) 63567684
本书如有印装质量问题，由我社事业发展中心负责调换，联系电话：(010) 63567692

《新时代资源循环科学与工程专业重点规划教材》编审委员会

顾　　问：金　涌（中国工程院院士）

　　　　　余艾冰（中国工程院外籍院士）

主任委员：李　辉（西安建筑科技大学材料科学与工程学院院长）

委　　员：（按姓氏笔画排序）

　　　　　王栋民［中国矿业大学（北京）化学与环境工程学院教授］

　　　　　田文杰（洛阳理工学院环境工程与化学学院院长）

　　　　　仝玉萍（华北水利水电大学材料学院院长）

　　　　　朱书景（湖北大学资源环境学院教授）

　　　　　刘明宝（商洛学院化学工程与现代材料学院资源循环工程系主任）

　　　　　刘晓明（北京科技大学冶金与生态工程学院副院长）

　　　　　李　明（武汉纺织大学化学与化工学院教授）

　　　　　李贞玉（长春工业大学化学工程学院副院长）

　　　　　李灿华（安徽工业大学冶金工程学院教授）

　　　　　张以河［俄罗斯工程院、俄罗斯自然科学院外籍院士、中国地质大学（北京）材料科学与工程学院二级教授］

　　　　　林春香（福州大学环境与安全工程学院教授）

　　　　　周文广（南昌大学资源与环境学院资源循环科学与工程系主任）

　　　　　钱庆荣（福建师范大学环境与资源学院、碳中和现代产业学院院长）

《工业生态学》编写委员会

主　　编：李灿华　朱书景

参　　编：都　刚　何玉远　陈良军　汪国靖　吴　翔

　　　　　苏　畅　马文青　武宏阳　曹耀武　韩　斌

参编院校：安徽工业大学

　　　　　湖北大学

　　　　　洛阳理工学院

序一

"十四五"时期，我国进入新发展阶段。要实现更高质量、更有效率、更加公平、更可持续、更为安全的发展，离不开循环经济的支撑。循环经济要求物尽其用、综合利用、循环利用，"以少产多"，以更少的能源资源消耗和废物排放，获得更多、更高附加值和更具可持续性的产品和服务，其核心本质是提高资源利用效率。

发展循环经济，将循环经济理念贯彻到资源开采加工、产品生产制造、商品流通消费、废物循环处置的各环节，达到"节流"与"开源"并重，全面提高资源利用效率，是缓解经济增长与资源环境矛盾、破解资源硬约束的根本出路，是保障国家资源安全、助力"双碳"目标实现的重要选择。

当前我国制造业产值占世界的20%～30%，是世界上最大的工业制造国。到2060年，我国仍将保持全球制造业第一大国的地位。发展循环经济，提升资源利用效率是必须做而且必须做好的一件大事。因此，国家专门制定《"十四五"循环经济发展规划》，明确提出，到2025年资源循环型产业体系基本建立，覆盖全社会的资源循环利用体系基本建成，资源利用效率大幅提高，再生资源对原生资源的替代比例进一步提高，循环经济对资源安全的支撑保障作用进一步显现。

要实现这样的目标，关键在于人才培养，尤其需要高等院校技术人才。从2010年开始，教育部在一些重点院校批准设立了新兴交叉学科——资源循环科学与工程专业，以满足国家和社会对资源循环方面高素质人才的迫切需求。我们欣喜地看到，新专业开设10余年后，在业界各方的努力下，契合行业高等教育需求的《新时代资源循环科学与工程专业重点规划教材》即将面世。

教材编写团队牢牢掌握培养能在资源循环科学与工程领域从事科学研究、工程技术开发、工艺流程设计、产业经营管理和政策咨询等方面工作的创新型、应用型高级专门人才这一定位，实现了对材料科学、环境科学、经济、管理等诸多学科的交叉与融合，系统集成了资源循环科学与工程领域的基础理论和专业知识、发展动态和学科前沿；厘清了资源—产品—再生资源—产品的多向式资源循环与经济可持续发展规律，突出解决资源综合利用方面科学与工程实际问题的能力培养等。可以说，由中国建设科技出版社组织策划、西安建筑科技大学等多所高校参与编写的这套教材的出版是我国资源循环科学与工程领域的一项重大成果，具有十分积极的意义。

最后，我要重申，加强人才培养、提高科技水平的重要性怎么强调都不过分。破解我国经济发展面临的资源能源匮乏困扰，顺利推动我国从工业化时代转变为信息化时代，从化石燃料时代转变为可再生能源、资源循环利用时代，尤须加强资源循环领域的人才培养与技术创新。

中国工程院院士

序二

大力发展资源循环科学与技术，提高资源综合利用效率，解决资源短缺和环境污染突出问题，是可持续发展战略的重要内容，对于推进各类资源节约集约利用，加快构建废弃物循环利用体系，推动经济社会绿色低碳化发展，形成绿色低碳的生产、生活方式具有重要意义。

发展资源循环科学与技术，人才是关键。教育是培养相关科技人才，为资源循环事业源源不断提供高层次人才和后备力量的"百年大计"，必须给予足够的重视。我们欣喜地看到，经过10余年的建设与发展，目前国内已有30余所高校开设了资源循环科学与工程专业。为解决专业人才培养教材缺乏的问题，中国建设科技出版社与西安建筑科技大学等单位共同策划了《新时代资源循环科学与工程专业重点规划教材》系列丛书。丛书的出版将有效弥补行业专业教材不足的短板，可以更好地培养资源循环相关产业人才。

该丛书的编写基于资源循环与经济可持续发展规律，贯彻落实国家大政方针，聚焦培养具备科学研究、工程技术开发、工艺流程设计、产业经营管理和政策咨询方面能力的创新型、应用型高级专门人才这一目标，全面介绍了资源循环科学与工程领域的基础理论与技术，并跟踪学科发展动态与前沿，努力实现材料科学、环境科学、经济、管理等诸多学科内容的交叉与融合。

优质教材建设对于支撑人才培养、学科专业和行业发展、企业管理及科学技术进步都具有重要作用。资源循环科学与工程专业尚处于发展阶段，专业人才队伍急需壮大，相关产业发展方兴未艾，《新时代资源循环科学与工程专业重点规划教材》系列丛书的出版正当其时。期待该丛书早日出版，以更好助力资源循环科学与工程专业人才培养。

中国工程院外籍院士

丛书前言

推进资源循环利用是生态文明建设的重要举措。2005年,《国务院关于加快发展循环经济的若干意见》出台,提出大力发展循环经济,建设资源节约型和环境友好型社会。2010年,为了满足国家节能环保产业对资源循环利用领域高素质人才的迫切需求,教育部专门设立资源循环科学与工程专业,并将其定位为战略性新兴产业专业。资源循环科学与工程专业涉及材料科学与工程、化学工程、环境科学与工程、经济、管理等诸多学科的交叉与融合。

2020年以来,随着"双碳"目标的确立,资源循环利用的重要作用更加显现,推动资源循环利用对减少碳排放有重要作用已成为全球广泛共识。国家《"十四五"循环经济发展规划》指出,发展循环经济是我国社会经济发展的一项重大战略。大力发展循环经济,推进资源节约集约利用,构建资源循环型产业体系和废旧物资循环利用体系,对保障国家资源安全,推动实现碳达峰碳中和,促进生态文明建设具有重大意义。

经过10余年的发展,目前全国有30余所高校设立资源循环科学与工程专业,专业办学特色各不相同,总体可以分为三类:立足材料领域开展专业建设、立足化工领域开展专业建设和立足环境领域开展专业建设。办学特色不同,在满足专业建设标准的基础上,各高校对该专业教材的需求也必然存在一定的差异。

为适应这一重大需求变化,更好满足我国发展对相关专业人才的需求,中国建设科技出版社与西安建筑科技大学共同策划了以材料学科与环境学科交叉融合为特色的《新时代资源循环科学与工程专业重点规划教材》丛书。丛书由西安建筑科技大学、中国矿业大学(北京)、中国地质大学(北京)、北京科技大学、安徽工业大学、福建师范大学、华北水利水电大学、湖北大学、商洛学院、武汉纺织大学、南昌大学、福州大学、长春工业大学、洛阳理工学院等十多所院校的众多专家共同完成编写。

本丛书为高校专业教材,针对"双碳"目标实现和全面推行循环型生产方式、提升资源利用效率对资源综合利用专业人才的需求,服务于高校相关专业人才培养;旨在培养熟悉资源循环与经济可持续发展规律,充分掌握相关技术原理、工艺装备、环境理论,了解行业领域发展动态和学科前沿,具有创新意识和解决资源综合利用方面科学与工程实际问题能力的创新型、应用型高级专门人才;同时,为保障国家资源安全、推进"双碳"目标实现、构建多层次资源高效循环利用体系、促进生态文明建设提供智力支撑。

在教材编写过程中，我们力争紧贴时代发展步伐，及时体现学科和行业发展的新成果；教材内容聚焦重点、难点、热点问题，启发学生积极思考，培养学生自主学习能力；为适应传统教育和信息化教学融合，我们基于纸质教材，将相关视频资料、彩色图片、拓展知识以二维码形式体现在书中恰当位置，实现传统教材向立体化教学素材的转变；另外，书中每章后面还设置了思政小结，将课程思政元素有机融入教材中，以达到"春风化雨，润物无声"的育人效果。

丛书出版之际，我谨代表丛书编委会向为此付出辛勤劳动的作者、编委会委员和出版社的同仁们表示感谢。

西安建筑科技大学
材料科学与工程学院院长
李辉

前　言

　　工业生态学是一门研究社会生产活动中自然资源从源、流到汇的全代谢过程，组织管理体制以及生产、消费、调控行为的动力学机制、控制论方法及其与生命支持系统相互作用的系统科学，是一门新兴的、为工业经济可持续发展服务的学科。它的基本学术思想是人类社会经济系统不是独立存在的，而是自然生态系统中的一个子系统。发展经济要综合考虑工业生态的全过程，不能顾此失彼，否则虽可繁荣一时，却不能持续长久。工业生态学自诞生以来，其理论研究与实践已取得了长足的进展。

　　本书作者对工业生态学的相关理论和技术应用进行了长期广泛的研究，积累了较为丰富的经验。全书较系统地介绍了工业生态学的理论体系，工业发展与环境容量、生态学需求分析的关系，详细总结了生态资源中水资源、化石能源、可再生资源（太阳能、风能等）在工业领域的开发利用现状及解决方法，介绍了系统动力学的概念、特点及在决策中的应用等相关内容。在具体应用与技术方法介绍中，本书侧重于工业发展领域生态学的设计与应用，在内容组织安排上力求精益求精、通俗易懂、理论联系实际、贴近工业生态生产的实际应用。

　　本书由安徽工业大学李灿华教授、陈良军老师和苏畅老师负责第2、第5、第8章的编写，洛阳理工学院何玉远老师和武宏阳老师负责第3章和第8章的编写，湖北大学朱书景教授、汪国靖老师和曹耀武老师负责第1、第4和第7章的编写。在编写过程中，武汉轻工大学的张垒教授对本书提出了宝贵的意见和建议，在此表示诚挚的感谢。同时，特别感谢参与本书编写的研究生都刚、马文青、郭智云等同学，他们为本书的完善作出了重要贡献。中国建设科技出版社王萌萌编辑对本书的编辑出版倾注了大量精力，参与丛书编审的院士、专家对本书的审校、出版更是给予了大量帮助，向他们致敬！

　　本书在编写中力求内容准确、编排合理和规范。由于工业生态学这门学科内容丰富，涉及面广，限于作者水平，书中错误和不妥之处在所难免，敬请读者不吝指正，以便再版时修正。

编者
2024年5月

目 录

1　工业生态学理论体系 ········· 1
1.1　工业生态学的发展历程 ········· 1
1.2　工业生态学的基本思想特点和今后发展 ········· 3
思政小结 ········· 6
思考题 ········· 6

2　工业发展与环境容量的关系 ········· 7
2.1　环境容量定义 ········· 7
2.2　生态环境与生态资源的关系 ········· 12
2.3　生物多样性 ········· 18
思政小结 ········· 23
思考题 ········· 24

3　资源 ········· 25
3.1　水资源 ········· 25
3.2　化石能源 ········· 42
3.3　可再生资源 ········· 56
思政小结 ········· 73
思考题 ········· 73

4　工业发展与生态学需求分析 ········· 74
4.1　城市功能、城镇化及其生态学分析 ········· 74
4.2　总物流分析 ········· 78
思政小结 ········· 84
思考题 ········· 84

5　系统动力学分析 ········· 85
5.1　系统动力学概述及特点 ········· 85
5.2　系统动力学在决策中的应用 ········· 86
5.3　系统动力学中的因果关系和反馈回路 ········· 88
5.4　世界模型实例 ········· 90
思政小结 ········· 91
思考题 ········· 92

6　工业产品生命周期评价 ········· 93
6.1　生态足迹 ········· 93

6.2　碳足迹 · 97
　　6.3　生命周期评价 · 100
　　思政小结 · 105
　　思考题 · 106

7　生态设计和环境评价 · 107
　　7.1　工业发展领域生态学设计原理与方法 · 107
　　7.2　工业发展同期中环境影响评价分析 · 113
　　思政小结 · 115
　　思考题 · 116

8　产业生态系统的演化与发展 · 117
　　8.1　产业生态系统与生态工业园 · 117
　　8.2　生产流程中物流对能耗、物耗的影响 · 127
　　8.3　企业的绿色化与智能化 · 144
　　思政小结 · 148
　　思考题 · 149

参考文献 · 150

1 工业生态学理论体系

> **教学目标**
>
> **教学要求**：了解工业生态学的发展历程和发展方向，掌握工业生态学的基本思想特点。
> **教学重点**：工业生态学的基本思想特点。
> **教学难点**：工业生态学的三层含义及六大特点。

1.1 工业生态学的发展历程

1.1.1 工业生态学的基本概念

工业生态学是一门为可持续发展服务，研究工业（或产业）系统和自然生态系统之间相互作用、相互关系的学科。

关于工业生态学的基本概念有很多种表述，其中引用较多的是 Graedel 和 Allenby 合著的《产业生态学》（*Industrial Ecology*）中的表述：

"Industrial Ecology is the means by which humanity can deliberately and rationally approach and maintain a desirable carrying capacity, given continued economic, cultural, and technological evolution. The concept requires that an industrial system be viewed not in isolation from its surrounding systems, but in concept with them. It is a systems view in which one seeks to optimize the total materials cycle from virgin material, to finished material, to component, to product, to obsolete product, and to ultimate disposal. Factors to be optimized include resources, energy, and capital."

中文："工业生态学是一种工具。人们利用这种工具，通过精心策划、合理安排可在经济、文化、技术不断进步及发展的情况下，使环境负荷保持在所希望的水平上。为此要把工业系统同它周围的环境协调起来，而不是把它看成孤立于环境之外的独立系统。这是一个系统的观点，它要求人们尽可能优化物质的整个循环系统，从原料到制成的材料、零部件、产品直到最后的废弃物，各个环节都要尽可能优化。优化的因素包括资源、能源和资金。"

这段表述强调了"精心策划、合理安排"。也就是说，为了妥善解决资源环境问题，一定要在工业生态学的指引下精心策划、合理安排，绝不要主观臆断、草率决策，否则可能适得其反，甚至造成重大损失并为此付出沉重代价。

工业生态学又称"产业生态学"，涉及第一、第二和第三产业。其实，无论是"工业"还是"产业"，都不是孤立存在的，它与人类的其他各种活动都是相互关联的。从这个视角看问题，工业生态学的外延非常广泛，甚至可把人类的各种活动都包括进来，如矿业、制造业、农业、建筑业、交通运输业、服务业、商贸业、废物回收业等。总之，把工业生态学的视野局限在工厂的围墙之内，是万万不可的。

1.1.2 工业生态学研究的兴起

自20世纪50年代开始，人们将生态学理念引入产业政策领域，认为复杂的工业生产和经济活动中存在着与自然生态学相似的问题与现象，可以运用生态学的理论和方法来研究现代工业的运行机制。20世纪60年代末，日本通产省工业咨询委员会下属的一个工业生态工作小组通过研究，提出应以生态学观点重新审视现有的工业体系，谋求在生态环境中发展经济的理念。1972年5月，该小组发表了题为《工业生态学：生态学引入工业政策的引论》的报告。1983年，比利时政治研究与信息中心出版了《比利时生态系统：工业生态学研究》专著，书中反映了生物学家、化学家、经济学家等六位作者对工业系统存在问题的思考。

1989年9月，Frosch和Gallopoulos发表了题为《制造业的战略》一文，提出了工业生态学的概念，成为工业生态学研究的最初标志。文章认为工业系统应向自然生态系统学习，逐步建立类似于自然生态系统的工业生态系统。在这样的系统中，每个工业企业都与其他工业企业相互依存、相互联系，构成一个复合的大系统，这样就可以运用一体化的生产方式代替过去简单化的传统生产方式，最终减少工业对自然生态环境的影响。

自20世纪90年代开始，工业生态学进入了蓬勃发展阶段。20世纪90年代初，美国科学院举行会议，提出和形成了工业生态学的基本框架。1997年，美国出版了全球第一份《工业生态学杂志》(Journal of Industrial Ecology)。1998年，美国矿产资源局（USGS）认为物质与能量流动的研究对于工业生态学研究具有重要意义。2000年，美国跨部门研究工作小组发表《工业生态学——美国的物质与能量流动》的报告，对工业生态学和物质能量流动的关系进行了阐述。同年，世界范围内成立了工业生态学国际学会（the International Society for Industrial Ecology，ISIE），标志着工业生态学正式进入有组织的系统研究阶段。

20世纪90年代末，我国学者开始关注和研究工业生态学。2001年10月，在陆钟武院士的倡导下，东北大学主持召开了国内首次"工业生态学国际研讨会"。2002年11月，国家环境保护总局（现生态环境部）批准东北大学、中国环境科学研究院、清华大学联合建立"国家环境保护生态工业重点实验室"，这是我国工业生态学研究领域的第一个重点实验室。2004年3月，清华大学出版社出版了美国Graedel和Allenby教授的著作《产业生态学》（第2版）（中文版）。同年11月，清华大学联合美国耶鲁大学在国内主持召开了第一次"工业生态学教学研讨会"。经过二十年的发展，国内工业生态学研究和实践已初见成效，发表了一批各具特色的研究论文，出版了一批教材和专著。

随着工业生态学研究的兴起，越来越多的大学开始将其纳入教学体系。目前欧美许多大学开设了工业生态学课程，我国也有不少大学开展了工业生态学教学及研究工作。

1.2 工业生态学的基本思想特点和今后发展

1.2.1 工业生态学的基本思想特点

工业生态学的基本学术思想有三层含义：

第一层含义：人类社会经济系统不是独立存在的，而是自然生态系统的一个子系统（图1-1），即工业是经济系统的一个子系统，经济是人类社会系统的一个子系统，人类社会又是自然生态系统的一个子系统。

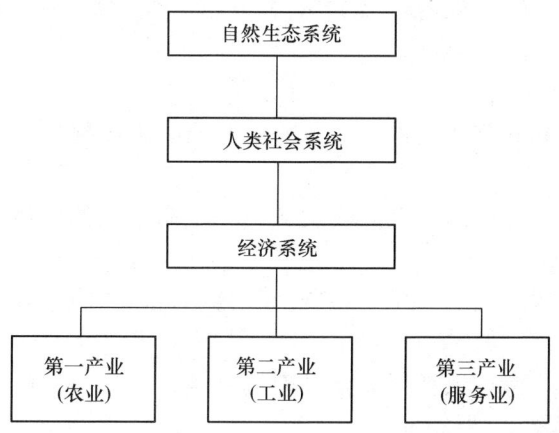

图1-1 工业系统与自然生态系统的关系

归根结底，工业、经济、人类社会都是以自然生态系统为基础并受制于它。

第二层含义：工业、经济、人类社会系统要与自然生态系统和谐相处。

工业生产从自然界获取资源，产生的污染物又向自然界排放。可见，自然界既是"源"，又是"汇"。但是，这个"源"和"汇"的容量都不是无穷大。如果"源"被过量抽取，甚至所剩无几，或者"汇"被填得过满，导致往外溢出，那么自然界就会发生变化，人类社会就会受到影响，可持续发展就会出现问题。

因此，人们要十分警觉地注意这些变化，随时进行跟踪、分析和预测，防微杜渐，采取措施，为可持续发展创造条件。人类一定要学会与自然生态系统和谐相处，不能把工业、经济、人类社会看成是自然生态系统以外的独立系统，不能任意地改造自然环境，不能无所顾忌地从自然界索取资源、向自然界排放污染物，否则，一定会受到自然界的报复。

第三层含义：工业系统要效仿自然生态系统。

在与自然生态系统和谐相处的基础上，工业系统要尽量效仿自然生态系统的运行模式。工业系统虽然不可能完全达到自然生态系统的状态，但是一定可以不断进步和优化，最终实现与自然生态系统协调共生。

工业生态学这些新颖的学术思想会帮助人们统观全局，使人们学会综合思考问题的方法。它以全新的视角来审视工业、经济的发展与自然生态系统的关系和相互作用，把工业系统视为自然生态系统的一个三级子系统，遵从自然生态系统的发展规律，重新设计、控制和优化工业活动，统筹兼顾，保持适当的平衡，努力使工业、经济与自然生态系统协调发展，进而实现人类社会的可持续发展。

同时应该指出，学习工业生态学要与具体情况相结合。我国工业化进程的一个重要特点是低成本的出口导向策略。通过提供低成本的劳动力和优惠的政策支持，大量生产出口商品。这一策略帮助我国经济实现快速增长，但也使我国面临着环境污染和资源消耗的问题。因此，我们始终坚持工业生态学研究与我国实际紧密结合，学习工业生态学基本思想和理论，我国的工业化将继续朝着高质量发展的方向前进，更加注重创新驱动和绿色发展。因此，我们始终坚持工业生态学研究与我国实际紧密结合，学习工业生态学基本思想和理论，探索适合我国国情的研究方法，解决我国的实际问题，更好地为我国的可持续发展服务。

工业生态学的基本特点是：

① 整体性。从全局和整体的视角，研究工业系统组成部分及其与自然生态系统的相互关系和相互作用。

② 全过程。充分考虑产品、工艺或服务整个生命周期的环境影响，而不是只考虑局部或某个阶段的影响。

③ 长远发展。着眼于人类与生态系统的长远利益，关注工业生产、产品使用和再循环利用等技术对未来环境潜在的影响。

④ 全球化。不仅要考虑人类工业活动对局部地区的环境影响，而且还要考虑对区域性和全球性的重大影响。

⑤ 科技进步。科技进步是工业系统进化的决定性因素之一，工业应从自然生态系统的进化规律中获取知识，逐步把现有的工业系统改造成为符合可持续发展要求的系统。

⑥ 多学科综合。工业生态学具有典型的多学科性特点，涉及自然科学、工业技术和社会科学等（图1-2）。各学科从各自不同的角度去研究工业生态学，是全面推进工业生态学的必要条件，许多高校都应开设工业生态学这门课程，进行工业生态学方面的工作，最好组成跨学科的团队。

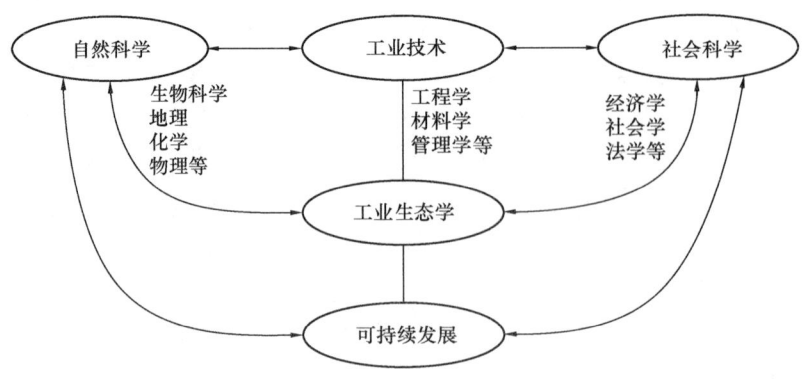

图1-2 工业生态学的多学科性

需要强调的是，工业生态学的研究思路是以整体论为基础，这种思路完全不同于研究"微观"问题的还原论思路。因此，为了更好地开展工业生态学方面的工作，最好养成从系统的角度看问题的习惯。

不难看出，我国和其他发展中国家是实施工业生态学最为理想的场所。我国人口密集，工业和经济快速发展，遵循工业生态学的原则，探索可持续发展道路具有巨大的潜力。因此，我国能否坚持工业生态学实践，坚决走生态工业的发展道路，对我国乃至全世界都具有重大影响。

1.2.2 工业生态学今后的发展

工业生态学的研究是伴随着人类可持续发展观的形成和实践而逐步兴起和发展的。可持续发展战略的实施是人类历史上前所未有的一次综合实践活动，没有现成的理论和经验可供借鉴和学习。随着其实践活动的不断推进和深入，人们迫切需要一种新的理论来探索、研究和指导这种实践，处理和解决经济发展与生态环境破坏间的尖锐矛盾。在此背景下，工业生态学应运而生并得到快速发展。

由于先进的理念和科学的方法论，工业生态学很快被人们接纳并被付诸实践。特别是随着循环经济、生态工业园在美国、德国及日本等发达国家取得巨大的成功，以资源节约、实现环境友好和可持续发展为特征的新的经济模式受到世界各国的关注，各国纷纷采取相应的举措以增强本国经济可持续发展的能力。

当前，我国正处于工业化进程之中，这一特殊的发展阶段产生了不断增长的环境负荷，随之带来环境被长期破坏的巨大隐患。20世纪90年代以来，国内学者逐渐认识到传统的污染末端治理方法无法从根本上解决我国的环境污染问题，工业生态学研究和循环经济实践受到越来越多的关注和重视，并取得了诸多研究和实践成果，为我国转变经济增长方式，加快建设资源节约型、环境友好型社会，促进社会、经济、环境的协调发展发挥了重要作用。

笔者认为，今后，应从以下方面进一步加强我国工业生态学的研究与实践。

第一，要针对工业生态学的学术思想和整体框架等问题进行充分讨论。要以习近平新时代生态文明建设思想为指导，学习、宣传工业生态学的基本观点和方法并取得广泛共识是开展研究工作的基础。目前，对工业生态学学术思想和研究内容的理解与认识还存在各种不同意见，应该通过学习和讨论，统一该领域研究人员的思想和认识，进一步推进我国工业生态学的研究和实践。

第二，要加强工业生态学高级专门人才的培养。提倡各高校从工科专业本科毕业生或在职教师中招收工业生态学硕士、博士研究生，毕业后专门从事工业生态学领域的教学和科研工作。要力争在较多高等院校中为本科生开设工业生态学必修课或选修课，为在职人员组织和开设多种形式的讲座或培训班。

第三，争取在研究生学科目录中增设工业生态学学科。为加快培养我国从事工业生态学研究的硕士、博士研究生，应向教育部学科建设委员会提出申请报告，建议在硕士、博士研究生学科目录中增设工业生态学学科。

第四，继续加强工业生态学方向的科学研究工作。充分运用工业生态学的观点、理论和方法，在实际工作中迈出坚实的步伐是当务之急。在我国开展工业生态学的科研工作，不能照搬欧美思维模式和研究方法，要强调创新，强调密切联系中国实际，只有这样，才能逐步形成具有中国特色的工业生态学理论和实践体系，真正为我国的可持续发展作出贡献。

必须看到，我国是发展中国家，要提高社会生产力、增强综合国力并不断提高人民生活水平，就必须毫不动摇地把发展国民经济放在第一位，各项工作都要紧紧围绕经济建设这个中心来开展。我国是在人口基数大、人均资源少、经济和科技水平都比较落后的条件下实现经济的快速发展，这使本来就已经短缺的资源和脆弱的环境面临更大的压力。在这种形势下，我们只有遵循可持续发展战略思想，加快工业生态学研究和实践，从国家整体利益的高度来协调和组织各部门、各地方、社会各阶层和全国人民的行动，才能在顺利完成预期经济发展目标的同时，保护好自然资源和改善生态环境，实现国家长期、稳定的发展。

思政小结

工业生态学理论体系的基本思想是：工业经济活动是生态系统的一部分，要实现可持续发展，必须考虑生态系统的稳定性和生态环境的可持续性。因此，工业生态学理论体系强调了资源的高效利用、能源的清洁化利用、物质的循环利用、环境的保护与修复等方面的问题。同时，工业生态学理论体系还包括了生态系统的结构与功能、生态系统的稳态与稳定性、物质流与能量流的平衡、循环经济的构建与发展等方面的内容。

在思想政治教育中，工业生态学理论体系可以作为一个重要的教育内容，引导学生树立正确的生态文明理念和可持续发展观念。通过学习工业生态学理论体系，可以使学生认识到经济发展与生态环境的关系，了解工业生态学的基本理论和应用技术，增强环保意识和责任感，锤炼创新精神和实践能力。

思考题

1. 怎样认识目前世界范围内的资源环境问题？
2. 我国的资源环境问题应如何解决？
3. 如何理解工业生态学？
4. 工业生态学对促进我国可持续发展有哪些作用？

2 工业发展与环境容量的关系

教学目标

教学要求：通过环境容量的定义，掌握稳态和非稳态社会经济系统的特点，了解环境保护的思路及主要工作内容；了解生态环境与生态资源的关系，掌握生物多样性的概念、保护措施、多样性特点及重要意义。

教学重点：环境保护及生物多样性的保护和意义。

教学难点：工业发展与环境容量关系中存在的问题。

2.1 环境容量定义

社会经济系统与自然界之间的物质交换如图 2-1 所示。

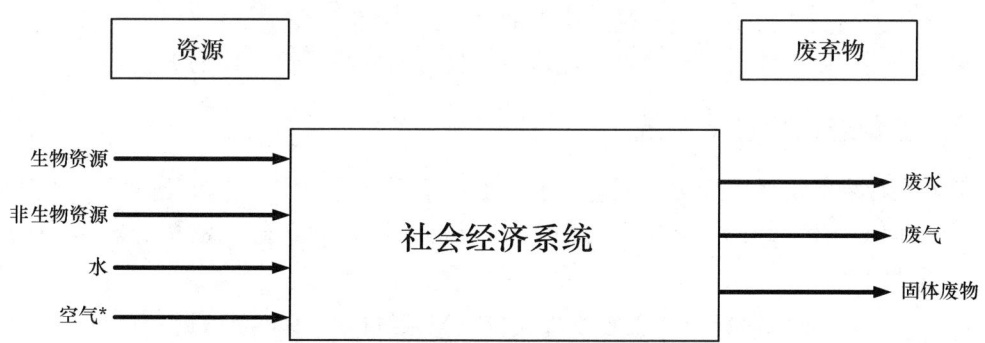

图 2-1 社会经济系统与自然界之间的物质交换

* 通常不把空气看成是资源，但在质量平衡中，必须列入此项，否则输入与输出不相等。

在社会经济系统中，人类从自然界所索取的是生物资源、非生物资源、水和空气四类资源，向自然界排放的是废水、废气和固体废物三类废物（或称为污染物）。系统内部是复杂的物质代谢过程。

社会经济系统可划分为稳态和非稳态两大类。凡是系统内的物质量不随时间变化的都是稳态系统，否则是非稳态系统。

2.1.1 稳态社会经济系统

稳态社会经济系统内的物质量不随时间变化。根据质量守恒定律，在单位时间内（例如在一年内），稳态社会经济系统输入的物质量等于它向自然界输出的物质量，即

生物资源量＋非生物资源量＋水量＋空气量＝废水量＋废气量＋固体废物量

或　　　　　　　　　　　∑资源消耗量＝∑废物排放量　　　　　　　　　　(2-1)

式（2-1）表明，稳态社会经济系统各类资源消耗量之和与各类废物排放量之和相等，要想降低废物排放量，就得减少资源消耗量。

由于废物排放量的多少对环境质量的好坏具有决定性影响，故式（2-1）可扩展为：

$$\sum 资源消耗量 = \sum 废物排放量 \longrightarrow 环境质量 \tag{2-2}$$

生物资源量	废气量	大气质量指标
非生物资源量	废水量	地表水质量指标
水量	固体废物量	地下水质量指标
空气量		土地污染状况指标
		其他指标
（Ⅰ）	（Ⅱ）	（Ⅲ）

式（2-2）是稳态社会经济系统在环境方面的基本关系式。式中环境质量是各项环境指标的统称，其中包括大气质量、地表水质量、地下水质量、土地污染状况等；符号 $\longrightarrow$ 表示各类废物排放量之和对环境质量"具有决定性影响"。

式（2-2）中的全部变量被划分为三类：第Ⅰ类为各种资源消耗量；第Ⅱ类为各种废物排放量；第Ⅲ类为各项环境质量指标。这三类变量之间的关系是：

（1）第Ⅰ类变量的总和决定了第Ⅱ类变量的总和；

（2）第Ⅱ类变量对第Ⅲ类变量具有决定性影响。

在因果关系上，第Ⅰ类变量是源头上的"因"，第Ⅱ类变量是最终的"果"。

可见，在环保工作中，要特别关注资源消耗量与环境质量之间的关系。

2.1.2 非稳态社会经济系统

非稳态社会经济系统内的物质量是变化的，由质量守恒定律，单位时间内（例如在一年内）非稳态社会经济系统输入的物质量，等于其向自然界输出的物质量加系统内物质的净增量，即：

$$资源消耗量 = \sum 废物排放量 + \sum 系统内物质的净增量 \tag{2-3}$$

式中，$\sum$系统内物质的净增量指新增的建筑物、基础设施以及各种耐用品（如机器、车辆等）的总和。在系统内的物质增多时，它的净增量为正值，反之则为负值。

若用 Δ 代表$\sum$系统内物质的净增量，经整理得：

$$资源消耗量 - \Delta = \sum 废物排放量 \tag{2-3′}$$

式（2-3）和式（2-3′）表明，在非稳态社会经济系统中，各类资源消耗量之和与各类废物排放量之和的差值是 Δ 值。在 Δ 值为固定值的情况下，资源消耗量越大，废物排放量就越大；要想降低废物排放量，就得减少资源消耗量。

同理，可将式（2-3′）扩展成如下形式：

$$资源消耗量 - \Delta = \sum 废物排放量 \longrightarrow 环境质量 \tag{2-4}$$

$$（Ⅰ）\qquad （Ⅱ）\qquad （Ⅲ）$$

式（2-4）是非稳态社会经济系统在环境方面的基本关系式。

式中三类变量的划分及三类变量间的关系与式（2-2）相同。

此外，由于系统内物质的净增量是由资源转变而成的，提高转变效率、延长物质使用寿命可降低资源消耗量。因此，提高转变效率、延长物质使用寿命是降低废物排放量、改善环境的一个重要途径。

2.1.3 环境保护的基本思路

综上所述，环境保护工作思路如图 2-2 所示。

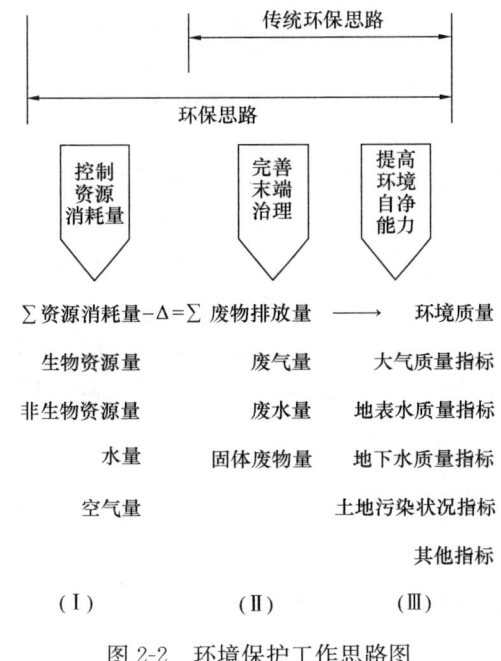

图 2-2 环境保护工作思路图

由图 2-2 可知，环境保护包括控制资源消耗量、完善末端治理和提高环境自净能力。

1. 控制资源消耗量

控制资源消耗量就是要降低资源消耗量，这是从源头上提高环境质量的治本之策，是环保工作的重点。反映在产品上，是单位产品的资源消耗量；反映在国民经济上，是国内生产总值（万元 GDP）的资源（能源）消耗量。大量数据表明，我国这些指标相对于发达国家落后，环境形势相当严峻。只有扭转这种局面，才能使我国的环境状况尽快好转。

专栏 2-1 节能减排

我国《"十四五"规划纲要》提出的目标：到 2025 年，全国单位国内生产总值能源消耗比 2020 年下降 13.5%，能源消费总量得到合理控制，化学需氧量、氨氮、氮氧化物、挥发性有机物排放总量比 2020 年分别下降 8%、8%、10% 以上、10% 以上。节能减排政策机制更加健全，重点行业能源利用效率和主要污染物排放控制水平基本达到国际先进水平，经济社会发展绿色转型取得显著成效。

——摘自《"十四五"节能减排综合工作方案》

> **专栏 2-2 "十四五"时期，规模以上工业单位增加值能耗下降 13.5%**
>
> 　　到 2025 年，完成 5.3 亿吨钢铁产能超低排放改造，大气污染防治重点区域燃煤锅炉全面实现超低排放。加强行业工艺革新，实施涂装类、化工类等产业集群分类治理，开展重点行业清洁生产和工业废水资源化利用改造。推进新型基础设施能效提升，加快绿色数据中心建设。"十四五"时期，规模以上工业单位增加值能耗下降 13.5%，万元工业增加值用水量下降 16%。到 2025 年，通过实施节能降碳行动，钢铁、电解铝、水泥、平板玻璃、炼油、乙烯、合成氨、电石等重点行业产能和数据中心达到能效标杆水平的比例超过 30%。
>
> 　　——摘自《"十四五"节能减排综合工作方案》

2. 完善末端治理

末端治理是指在生产过程的末端，针对产生的污染物开发并实施有效的治理技术。例如，烟气脱硫、污水净化、垃圾处理等。在不少情况下，末端治理是提高环境质量的必要措施，因为它能削减排入环境中的废物量。在我国不少地方和企业，废水、废气、固体废物的处理设施还很不齐全。今后，需进一步配备和完善起来。要在进行末端治理的同时，实现对废物的再资源化，这样对于降低资源消耗量才会有一定贡献，才能避免二次污染的发生。需要说明的是，末端治理并不是到处都适用的，在有些情况下（例如农田的污染问题等），它是完全无能为力的。

3. 提高环境自净能力

提高环境自净能力是借助自然界的力量改善环境的重要措施。例如，治理河道、植树造林、退耕还林、退耕还草、限牧禁渔等都是保护、修复和改善自然生态环境的重要工作。在这方面，我国今后的任务也是十分繁重。

传统环保思路如图 2-2 所示，未把资源消耗量的控制包括在内，是环保工作的初始阶段。

总之，以控制资源消耗量为重点，进一步完善末端治理、提高环境自净能力、标本兼治是环境保护工作的基本思路。按照这个思路加强各方面的工作，定能有效地提高环境质量。

2.1.4 环境保护的工作内容

控制资源消耗量方面的主要工作为：

（1）控制高耗能高污染行业过快增长

电力、钢铁、有色、建材、石油加工、化工等行业是能源消耗和污染排放的大户。政府要按照管住增量、调整存量、上大压小、扶优汰劣的思路，加大调控力度。一要严格控制新建高耗能项目，严把土地、信贷两个闸门，提高节能环保市场准入门槛，严格执行新建项目节能评估审查、环境影响评价制度和项目核准程序，建立相应的项目审批问责制。二要落实限制高耗能高污染产品出口的各项政策，继续运用调整出口退税、加征出口关税、削减出口配额、将部分产品列入加工贸易禁止类目录等措施，控制高耗能、高污染产品出口。三要清理和纠正各地在电价、地价、税费等方面对高耗能高污染行业的优惠政策，严肃查处违反国家规定和政策的行为。

> **专栏 2-3　淘汰落后产能和推动产业升级**
>
> 　　我国稳步推进节能降碳。统筹能源安全稳定供应和绿色低碳发展，科学有序推进碳达峰碳中和。优化能源结构，实现超低排放的煤电机组超过 10.5 亿千瓦，可再生能源装机规模由 6.5 亿千瓦增至 12 亿千瓦以上，清洁能源消费占比由 20.8% 上升到 25% 以上。
> 　　　　　　　　　　　　　　　　　　　　　　　——摘自《2023 年政府工作报告》
>
> 　　为推动产业结构化升级和工业领域的绿色低碳转型，推广绿色制造和循环经济，提高资源利用效率，减少污染排放。支持企业进行绿色技术创新、建设绿色工厂和园区，以及推广清洁生产技术。政府将推动钢铁、有色、石化、化工、建材、造纸、印染等行业的节能改造工程。
> 　　　　　　　　　　　　　　　　　　　　　　　——摘自《2022 年政府工作报告》

（2）调整产业结构

发展第三产业、环保产业、静脉产业和淘汰落后产业。第三产业主要包括流通和服务两大部门，相对于第二产业来说，能耗小、污染少，要逐步优化第三产业的发展。环保产业是指在国民经济结构中，以防治环境污染、改善生态环境、保护自然资源为目的而进行的技术产品开发、商业流通、资源利用、信息服务、工程承包等活动。静脉产业，即资源再生利用产业，是以保障环境安全为前提，以节约资源、保护环境为目的，运用先进的技术，将生产和消费过程中产生的废物转化为可重新利用的资源和产品，实现各类废物的再利用和资源化的产业。

（3）调整产品结构

发展高附加值产品，开发环境友好材料和环境友好产品。

（4）发展循环经济、推进清洁生产

实施我国现行的《中华人民共和国循环经济促进法》和《中华人民共和国清洁生产促进法》，减少生产、流通和消费过程中的资源消耗和废物产生（减量化），将废物直接作为产品使用，或者将废物的全部或部分作为其他产品的部件予以使用（再利用），以及将废物直接作为原料进行利用或者对废物进行再生利用（资源化）。

（5）提升技术水平

开发推广节能降耗技术，推广产品的环境设计，提升传统产业。

（6）提升管理水平

向集约型经济转变，加强环境管理，加紧进行企业的（ISO 14000）认证，开展"产品生命周期分析"工作。

（7）调整能源结构

加强核电建设，加大天然气比重，发展可再生能源的利用，如水能、风能、太阳能、生物质能、地热能、潮汐能等。

（8）改变消费观念

提倡勤俭节约，反对铺张浪费。

（9）改变经营观念、策略

发展产品租赁。

（10）完善末端治理

增设和完善废气、废水、固废的治理装置等，在提高环境自净能力方面的主要工作为：

① 生态环境的保护、修复、改善。如治理河道，植树造林，退耕还林、还草，限牧禁渔等。

② 加强宣传教育。如媒体宣传，科普教育，在大、中、小学进行宣传教育。

③ 制定和修订相关的法律、法规。从资源环境的角度重新审视各类法律、法规，并进行适当调整和修订，使各类法律、法规在资源环境问题上互相协调一致。修改、补充现有的政策（技术、价格、税收、金融等），扩大实施差别电价和水价政策，健全排污收费及污水、垃圾处理收费制度，制定节能节水和环保产品目录等。

专栏 2-4　我国可再生能源发展状况

2023 年我国可再生能源保持高速度发展、高比例利用、高质量消纳的良好态势，为保障电力供应、促进能源转型、扩大有效投资发挥了重要作用。截至 2023 年 12 月底，全国可再生能源发电总装机达 15.16 亿千瓦，占全国发电总装机的 51.9%，在全球可再生能源发电总装机中的比重接近 40%；2023 年全国可再生能源新增装机 3.05 亿千瓦，占全国新增发电装机的 82.7%，占全球新增装机的一半，超过世界其他国家的总和；全国可再生能源发电量近 3 万亿千瓦时，接近全社会用电量的 1/3；全国主要可再生能源发电项目完成投资超过 7697 亿元，占全部电源工程投资约 80%；2023 年风电机组等关键零部件的产量占到全球市场的 70% 以上，光伏多晶硅、硅片、电池片和组件产量占全球比重均超过 80%。我国可再生能源发展取得了举世瞩目的成绩，已成为世界清洁能源发展的主要力量。

——摘自《国家能源局组织召开 2024 年 1 月份全国可再生能源开发建设形势分析会》

2.2　生态环境与生态资源的关系

2.2.1　IPAT 方程

IPAT 方程也称为控制方程或主方程，即

$$I = P \times A \times T \tag{2-5}$$

式中，I 为环境负荷；P 为人口；A 为人均国内生产总值 GDP（或国民生产总值 GNP）；T 为单位 GDP（或 GNP）的环境负荷。

式（2-5）中的环境负荷 I 可以特指各种资源消耗量或废物产生量。以能源为例，式（2-5）可写为：

$$能源消耗量 = 人口 \times \frac{GDP}{人口} \times \frac{能源消耗}{GDP}$$

以 SO_2 为例，式（2-5）可写为：

$$SO_2 产生量 = 人口 \times \frac{GDP}{人口} \times \frac{SO_2 产生量}{GDP}$$

上述废物产生量与废物排放量不是同一概念。在废物的末端治理或资源化措施比较好的情况下，二者在数量上会有很大差别。在 IPAT 方程中，环境负荷指的是单位

GDP 的废物产生量，不是它的排放量，公式未涉及废物的末端治理和资源化等手段。

IPAT 方程虽然简单，但很重要，它在环境与经济之间架起了一座桥梁。

现举一个例题说明式（2-5）的一般用法。

例 2-2-1：设 2015 年我国人口为 $P_0=13.66\times10^8$ 人，人均 GDP 为 $A_0=5.63\times10^4$ 元/人，万元 GDP 能源消耗为 $T_0=0.375$ t 标准煤/万元 GDP；2020 年人口为 $P=14.18\times10^8$ 人，人均 GDP 为 $A=7.28\times10^4$ 元/人，万元 GDP 能源消耗比 2015 年降低 24.27%。求 2020 年全国的 GDP、能源消耗量，并与 2015 年进行对比。

解：计算 2015 年 GDP 值 G_0。

$$G_0 = P_0 \times A_0 = 13.66\times10^8 \times 5.63\times10^4 = 76.91\times10^{12} \text{（元）}$$

计算 2020 年 GDP 值 G。

$$G = P \times A = 14.18\times10^8 \times 7.28\times10^4 = 103.23\times10^{12} \text{（元）}$$

与 2015 年相比，有

$$\frac{G}{G_0} = \frac{103.23\times10^{12}}{76.91\times10^{12}} = 1.342$$

即 2020 年 GDP 比 2015 年增长 34.2%。

计算 2015 年能源消耗量 I_0。

$$I_0 = P_0 \times A_0 \times T_0 = 13.66\times10^8 \times 5.63\times10^4 \times 0.375\times10^{-4} = 28.84\times10^8 \text{（t 标准煤）}$$

计算 2020 年能源消耗量 I。

$$I = P \times A \times T = 14.18\times10^8 \times 7.28\times10^4 \times 0.375 \times (1-0.2427) \times 10^{-4} = 29.32\times10^8 \text{（t 标准煤）}$$

与 2015 年相比，有

$$\frac{I}{I_0} = \frac{29.32\times10^8}{28.84\times10^8} = 1.02$$

即 2020 年能源消耗比 2015 年增加 2%。

2.2.2 I_eGTX 方程

I_eGTX 方程可计算经济增长过程中的废物排放量，即

$$I_e = G \times T \times X \tag{2-6}$$

式中，I_e 为废物排放量；G 为 GDP；T 为单位 GDP 废物产生量；X 为废物排放率，$X=\dfrac{T_e}{T}$，其值在 0～1 之间，即 $0<X\leqslant1$。

式（2-6）称为 I_eGTX 方程，可用于计算各种废物排放量。

以 SO_2 为例，式（2-6）可写为：

$$SO_2\text{ 排放量} = GDP \times \frac{SO_2\text{ 产生量}}{GDP} \times \frac{SO_2\text{ 排放量}}{SO_2\text{ 产生量}}$$

若令 $T_e = TX$，式（2-6）可表达成如下形式：

$$I_e = G \times T_e \tag{2-7}$$

式中，T_e为单位GDP废物排放量。

式（2-7）称为I_eGT_e方程。

以SO_2为例，式（2-7）可写为：

$$SO_2\text{排放量} = GDP \times \frac{SO_2\text{排放量}}{GDP}$$

在编制经济与社会发展规划时，按照IGT方程、I_eGTX方程、I_eGT_e方程或从它们派生出来的其他公式通过反复推敲，就可以把规划期内各种废物排放量确定下来。

例 2-2-2：设某地2020年GDP为$G_0=1000\times10^8$元，单位GDP的SO_2产生量$T_0=0.04$t/万元GDP，SO_2排放率$X_0=0.8$。按规划，2025年GDP将增至$G_1=1500\times10^8$元，单位GDP的SO_2产生量将降为$T_1=0.035$t/万元GDP，SO_2排放量比2020年降低10%。问：（1）在规划期内需新增脱硫能力是多少？（2）规划期末（2025年）的X_1应降低到什么程度？

解：（1）计算2020年已具有的脱硫能力。

按IGT方程，计算SO_2产生量。

$$I_0 = G_0 \times T_0$$

将已知的值代入上式，得2020年SO_2产生量为

$$I_0 = 1000\times10^8 \times 0.04 \times \frac{1}{10^4} = 40\times10^4 \text{（t）}$$

按GTX方程，计算SO_2排放量。

$$I_{e0} = G_0 \times T_0 \times X_0 = I_0 \times X_0$$

将已知的X_0和I_0值代入上式，得2020年SO_2排放量为

$$I_{e0} = 40\times10^4 \times 0.8 = 32\times10^4 \text{（t）}$$

计算脱硫量$I_0 - I_{e0}$。

$$I_0 - I_{e0} = (40-32)\times10^4 = 8.0\times10^4 \text{（t）}$$

可见，2020年已具有的脱硫能力是每年脱8.0万t SO_2。

（2）计算规划期内需新增的脱硫能力。

按IGT方程，计算2025年SO_2产生量。

$$I_1 = G_1 \times T_1$$

将已知的值代入上式，得2025年SO_2产生量为

$$I_1 = 1500\times10^8 \times 0.035 \times \frac{1}{10^4} = 52.5\times10^4 \text{（t）}$$

按题意SO_2排放量应比2020年减少10%，即$I_{e1}=0.9I_{e0}$，将I_{e0}值代入上式，得2025年SO_2排放量为

$$I_{e1} = 0.9\times32\times10^4 = 28.8\times10^4 \text{（t）}$$

故脱硫量为

$$I_1 - I_{e1} = (52.5-28.8)\times10^4 = 23.7\times10^4 \text{（t）}$$

假设2020年已具有的8万t脱硫能力一直保持正常运行，则规划期内需新增脱硫能力为

$$(23.7-8.0)\times10^4 = 15.7\times10^4 \text{（t）}$$

(3) 计算 2025 年 SO_2 排放率。

$$X_1 = \frac{I_{e1}}{I_1}$$

将 I_{e1} 及 I_1 值代入上式，得

$$X_1 = \frac{28.8 \times 10^4}{52.5 \times 10^4} = 0.5486$$

即规划期内，SO_2 排放率应从 $X_0 = 0.8$ 降为 $X_1 = 0.5486$。

GTX 方程的另一种形式：

按照 GTX 方程，基准年的废物排放量 I_{e0} 为

$$I_{e0} = G_0 \times T_0 \times X_0 \tag{2-8}$$

式中，G_0、T_0、X_0 分别为基准年的 GDP、单位 GDP 废物产生量和废物排放率。

基准年以后第 n 年的废物排放量 I_{en} 为

$$I_{en} = G_n \times T_n \times X_n \tag{2-9}$$

式中，G_n、T_n、X_n 分别为第 n 年的 GDP、单位 GDP 废物产生量和废物排放率。

其中：

$$X_n = X_0 (1-x)^n$$
$$T_n = T_0 (1-t)^n$$
$$G_n = G_0 (1+g)^n$$

式中，g 为从基准年后第 1 年到第 n 年 GDP 的年增长率；t 为在此期间单位 GDP 废物产生量的年下降率；x 为在此期间废物排放率的年下降率。

将以上三式代入式（2-9）中，得

$$I_{en} = G_0 \times T_0 \times X_0 \times (1+g)^n \times (1-t)^n \times (1-x)^n \tag{2-10}$$

或

$$I_{en} = I_{e0} \times (1+g)^n \times (1-t)^n \times (1-x)^n \tag{2-10'}$$

若已知基准年的 G_0、T_0、X_0 值（或 I_{e0} 值）及 g、t、x 值，即可按式（2-10）或式（2-10'）计算第 n 年的废物排放量 I_{en} 值。

因 $T_{e0} = T_0 \times X_0$，所以式（2-8）可写为：

$$I_{e0} = G_0 \times T_{e0} \tag{2-11}$$

式中，T_0 为基准年单位 GDP 废物排放量。

因 $T_{en} = T_n \times X_n$，所以式（2-9）可写为

$$I_{en} = G_n \times T_{en} \tag{2-11'}$$

式中，T_{en} 为第 n 年单位 GDP 废物排放量。

例 2-2-3：以 2020 年为基准，设某地 2020—2025 年 GDP 年增长率为 $g = 0.07$，单位 GDP 的 SO_2 产生量年下降率为 $t = 0.04$，SO_2 排放率年下降率为 0.03。问：该地 2025 年 SO_2 排放量比 2020 年减少百分之几？

解：由式（2-10'）知

$$\frac{I_{en}}{I_{e0}} = (1+g)^n \times (1-t)^n \times (1-x)^n$$

将 $n=5$，$g=0.07$，$t=0.04$，$x=0.03$ 代入上式，得

$$\frac{I_{en}}{I_{e0}} = (1+0.07)^5 \times (1-0.04)^5 \times (1-0.03)^5$$

因 $(1+0.07)^5 = 1.403$，$(1-0.04)^5 = 0.815$，$(1-0.03)^5 = 0.859$，代入上式，得

$$\frac{I_{en}}{I_{e0}} = 1.403 \times 0.815 \times 0.859 = 0.982$$

即与 2020 年相比，2025 年 SO_2 排放量减少 1.8%。

废物排放率年下降率的临界值的求法。

由式（2-10′）可导出废物排放率年下降率 x 的临界值 X_k。将式（2-10′）写成如下形式：

$$I_{en} = I_{e0}[(1+g) \times (1-t) \times (1-x)]^n \tag{2-12}$$

由式（2-12）可见，I_{en} 与 I_{e0} 之间可能出现三种情况，其条件分别如下：

① 废物排放量 I_{en} 逐年上升，即

$$(1+g) \times (1-t) \times (1-x) > 1 \tag{2-12a}$$

② 废物排放量 I_{en} 保持不变，即

$$(1+g) \times (1-t) \times (1-x) = 1 \tag{2-12b}$$

③ 废物排放量 I_{en} 逐年下降，即

$$(1+g) \times (1-t) \times (1-x) < 1 \tag{2-12c}$$

式（2-12b）是废物保持原值不变的临界条件，从中可求得 x 的临界值 X_k 为

$$X_k = 1 - \frac{1}{(1+g) \times (1-t)} \tag{2-13}$$

式中，x 为废物排放率年下降率的临界值。

因此，以 X_k 为判据，在经济增长过程中废物排放量的变化有以下三种可能：

① 若 $x < X_k$，则废物排放量逐年上升；
② 若 $x = X_k$，则废物排放量保持不变；
③ 若 $x > X_k$，则废物排放量逐年下降。

由此可见，式（2-13）虽然很简单，但对于环境治理具有十分重要的意义。

例 2-2-4：设某地 2020 年 SO_2 排放量为 40×10^4 t，其后 5 年内 GDP 年增长率 $g = 0.07$，单位 GDP SO_2 产生量年下降率 $t = 0.04$。求以下三种情况下该地 2025 年的 SO_2 排放量：(1) $x = X_k$；(2) $x = 0.01$；(3) $x = 0.05$。

解：(1) $x = X_k$。

按式（2-13）计算 $g = 0.07$，$t = 0.04$ 情况下的 X_k 值。

$$X_k = 1 - \frac{1}{(1+0.07) \times (1-0.04)} = 0.0265$$

计算该地 2025 年的 SO_2 排放量：

将 $I = 40 \times 10^4$，$g = 0.07$，$t = 0.04$，$x = X_k = 0.0265$ 代入式（2-10′），经整理得：

$$I_{e5} = 40 \times 10^4 \times [(1+0.07) \times (1-0.04) \times (1-0.0265)]^5 = 40.0 \times 10^4 \text{ (t)}$$

$$\frac{I_{e5}}{I_0} = 1.0$$

即该地 2025 年的 SO_2 排放量为 40.0×10^4 t。

(2) $x=0.01$

计算该地 2025 年的 SO_2 排放量：

将 $I=40\times 10^4$，$g=0.07$，$t=0.04$，$x=0.01$ 代入式（2-10'），经整理得：

$I_{e5}=40\times 10^4\times[(1+0.07)\times(1-0.04)\times(1-0.01)]^5=43.5\times 10^4(t)$

$\dfrac{I_{e5}}{I_0}=1.0875$

即该地 2025 年的 SO_2 排放量为 $43.5\times 10^4 t$。

(3) $x=0.05$。

计算该地 2025 年的 SO_2 排放量 I_{e5}：

$I_{e5}=40\times 10^4\times(1+0.07)^5\times(1-0.04)^5\times(1-0.05)^5=35.4\times 10^4$（t）

$$\dfrac{I_{e5}}{I_0}=0.8847$$

即该地 2025 年的 SO_2 排放量为 $35.4\times 10^4 t$。

以上计算结果汇总如下：

① $x=X_k=0.0265$，2025 年 SO_2 排放量与 2020 年持平。

② $x=0.01$，2025 年 SO_2 排放量比 2020 年增加 $3.5\times 10^4 t$，比 2020 年增加 8.75%。

③ $x=0.05$，2025 年 SO_2 排放量比 2020 年减少 $4.6\times 10^4 t$，比 2020 年减少 11.5%。

例 2-2-5：以 2020 年为基准年，在其后的 5 年内某地单位 GDP SO_2 产生量年下降率为 $t=0.04$，SO_2 排放率年下降率为 $x=0.05$。问：在 GDP 年增长率为 $g=0.07$、0.09、0.11、0.13、0.15、0.17 六种情况下，该地 2025 年的 SO_2 排放量比 2020 年分别增减百分之几？

解：计算方法同前例，计算结果列于表 2-1 中。

表 2-1　计算结果

t	x	g	I_5/I_0	SO_2 排放量的增减（%）
0.04	0.05	0.07	$(1+0.07)^5\times(1-0.04)^5\times(1-0.05)^5=0.885$	−11.5
		0.09	$(1+0.09)^5\times(1-0.04)^5\times(1-0.05)^5=0.971$	−2.9
		0.11	$(1+0.11)^5\times(1-0.04)^5\times(1-0.05)^5=1.063$	+6.3
		0.13	$(1+0.13)^5\times(1-0.04)^5\times(1-0.05)^5=1.162$	+16.2
		0.15	$(1+0.15)^5\times(1-0.04)^5\times(1-0.05)^5=1.268$	+26.8
		0.17	$(1+0.17)^5\times(1-0.04)^5\times(1-0.05)^5=1.383$	+38.3

我国"十四五"规划提出的指标是：2025 年主要污染物（SO_2、化学需氧量）排放总量分别比 2020 年减少 10%。按此指标衡量，在上表中只有 $g=0.07$，$t=0.04$，$x=0.05$ 这一种情况符合要求；其他五种情况均不可取。在这些情况下，要想使排放量减少，就得调高 t 和 x 值，而调得过高又不可行。因此，要点是在"十四五"规划的指导下，从实际出发，统筹兼顾，仔细掂量，把 g、t、x 这三个参数匹配好。

2.3 生物多样性

2.3.1 概念

生物多样性是一个描述自然界多样性程度的内容广泛的概念。对于生物多样性，不同学者所下的定义不同。Norse 等人（1986）认为生物多样性体现在多个层次。而 Wilson 等人认为生物多样性就是生命形式的多样性。孙儒泳认为，生物多样性一般是指"地球上生命的所有变异"。蒋志刚等给生物多样性所下的定义为："生物多样性是生物及其环境形成的生态复合体以及与此相关的各种生态过程的综合，包括动物、植物、微生物和它们所拥有的基因以及它们与其生存环境形成的复杂的生态系统"。

生物多样性通常由遗传多样性、物种多样性和生态系统多样性三个部分组成。

1. 遗传多样性

遗传多样性是生物多样性的重要组成部分。广义的遗传多样性是指地球上生物所携带的各种遗传信息的总和。这些遗传信息储存在生物个体的基因之中。因此，遗传多样性也就是生物遗传基因的多样性。任何一个物种或一个生物个体都保存着大量的遗传基因，其可被看成是一个基因库（Gene Pool）。一个物种所包含的基因越丰富，它对环境的适应能力越强。基因的多样性是生命进化和物种分化的基础。

狭义的遗传多样性主要是指生物种内基因的变化，包括种内显著不同的种群之间以及同一种群内的遗传变异（世界资源研究所，1992）。此外，遗传多样性可以表现在多个层次上，如分子、细胞、个体等。在自然界中，对于绝大多数有性生殖的物种而言，种群内的个体之间往往没有完全一致的基因型，而种群就是由这些具有不同遗传结构的多个个体组成的。

在生物的长期演化过程中，遗传物质的改变（或突变）是产生遗传多样性的根本原因。遗传物质的突变主要有两种类型，即染色体数目和结构的变化以及基因位点内部核苷酸的变化。前者称为染色体的畸变，后者称为基因突变（或点突变）。此外，基因重组也可以导致生物产生遗传变异。

2. 物种多样性

物种多样性是生物多样性的核心。物种（Species）是生物分类的基本单位。物种一直是分类学家和系统进化学家所讨论的问题。迈尔（1953）认为物种是能够（或可能）相互配育的、拥有自然种群的类群，这些类群与其他类群存在着生殖隔离。中国学者陈世骧认为物种是繁殖单元，由又连续又间断的居群组成。物种是进化的单元，是生物系统线上的基本环节，是分类的基本单元。在分类学上，确定一个物种必须同时考虑形态、地理和遗传学的特征，即作为一个物种必须同时具备如下条件：

① 具有相对稳定且一致的形态学特征，以便与其他物种相区别；

② 以种群的形式生活在一定的空间内，占据着一定的地理分布区，并在该区域内生存和繁衍后代；

③ 每个物种具有特定的遗传基因库，同种的不同个体之间可以互相配对和繁衍后代，不同种的个体之间存在着生殖隔离，不能培育或即使杂交也不能产生有繁衍能力的

后代。

物种多样性是指地球上动物、植物、微生物等生物种类的丰富程度。物种多样性包括两个方面，其一是指一定区域内的物种丰富程度，可称为区域物种多样性；其二是指生态学方面的物种分布的均匀程度，可称为生态多样性或群落物种多样性。物种多样性是衡量一定地区生物资源丰富程度的一个客观指标。

在阐述一个国家或地区生物多样性丰富程度时，最常用的指标是区域物种多样性。区域物种多样性有以下三个指标测量：

① 物种总数，指特定区域内所拥有的特定类群的物种数目；
② 物种密度，指单位面积内的特定类群的物种数目；
③ 特有种比例，指在一定区域内某个特定类群特有物种占该地区物种总数的比例。

3. 生态系统多样性

生态系统是各种生物与其周围环境所构成的自然综合体。所有的物种都是生态系统的组成部分。在生态系统中，不仅各个物种之间相互依赖，彼此制约，而且生物与其周围的各种环境因子也是相互作用的。从结构上看，生态系统主要由生产者、消费者、分解者所构成。生态系统功能是对地球上的各种化学元素进行循环和维持能量在各组分之间的正常流动。生态系统多样性主要指地球上生态系统组成、功能的多样性以及各种生态过程的多样性，包括生态环境的多样性、生物群落和生态过程的多样化等多个方面。其中，生态环境的多样性是生态系统多样性形成的基础，生物群落的多样化可以反映生态系统类型的多样性。

近年来，有些学者还提出了景观多样性（Landscape Diversity）作为生物多样性的第四个层次。景观是一种大尺度的空间，是由一些相互作用的景观要素组成的具有高度空间异质性的区域。景观要素是组成景观的基本单元，相当于一个生态系统。景观多样性是指由不同类型的景观要素或生态系统构成的景观在空间结构、功能机制和时间动态方面的多样化程度。遗传多样性是物种多样性和生态系统多样性的基础，或者说遗传多样性是生物多样性的内在形式。物种多样性是构成生态系统多样性的基本单元。因此，生态系统多样性离不开物种的多样性，也离不开不同物种所具有的遗传多样性。

2.3.2 保护措施

保护生物多样性的措施主要有就地保护、迁地保护、建立基因库和构建法律体系。

1. 就地保护

为了保护生物多样性，把包含保护对象在内的一定面积的陆地或水域划分出来进行保护和管理。比如，建立自然保护区实行就地保护。自然保护区是有代表性的自然系统、珍稀濒危野生动植物种的天然分布区，包括自然遗迹、陆地、陆地水体、海域等不同类型的生态系统。自然保护区还具备科学研究、科普宣传、生态旅游的重要功能。

2. 迁地保护

迁地保护是在生物多样性分布的异地，通过建立动物园、植物园、树木园、野生动物园、种子库、基因库、水族馆等不同形式的保护设施，对那些比较珍贵的物种、具有观赏价值的物种或其基因实施由人工辅助的保护。迁地保护目的只是使即将灭绝的物种找到一个暂时生存的空间，待其元气得到恢复、具备自然生存能力时，还是要让被保护者重新回到生态系统中。

3. 建立基因库

人们已经开始通过建立基因库来实现保存物种的愿望。比如，为了保护作物的栽培种及其会灭绝的野生亲缘种，建立全球性的基因库网。大多数基因库贮藏着谷类、薯类和豆类等主要农作物的种子。

4. 构建法律体系

人们还必须运用法律手段，完善相关法律制度来保护生物多样性。比如，加强对外来物种引入的评估和审批，实现统一监督管理。建立基金制度，保证国家专门拨款，争取个人、社会和国际组织的捐款和援助，为实践工作的开展提供强有力的经济支持等。

2021年10月，中共中央办公厅、国务院办公厅印发了《关于进一步加强生物多样性保护的意见》，并发出通知，要求各地区各部门结合实际认真贯彻落实。

2.3.3 多样性特点

我国是地球上生物多样性最丰富的国家之一。生物多样性是描述整个自然界物种多样程度的一个广泛的概念，是指生命有机体及其赖以存在的生态复合体，包括植物、动物、微生物等各物种所拥有的基因和由各种生物与环境相互作用所形成的生态系统以及它们的生态过程。在北半球国家中，我国是生物多样性最为丰富的国家。我国生物多样性的特点如下。

1. 物种高度丰富

我国有高等植物3万余种，仅次于世界高等植物最丰富的巴西和哥伦比亚。

2. 特有属、种繁多

我国高等植物中特有属种最多，约为17300种，占全国高等植物的57%以上。在581种哺乳动物中，特有属种约110种，约占19%。尤为人们所关注的是有活化石之称的大熊猫、白鳍豚、水杉、银杏、银杉和攀枝花苏铁，等等。

3. 区系起源古老

由于我国大部分地区在中生代末已上升为陆地，在第四纪冰期又未遭受大陆冰川的影响，所以各地都在不同程度上保存着白垩纪、第三纪的古老残遗成分。如松杉类植物，世界现存的7个科中，中国有6个科。动物中的大熊猫、白鳍豚、羚羊、扬子鳄、大鲵等都是古老孑遗物种。

4. 栽培植物、家养动物及其野生亲缘种的种质资源异常丰富

我国有数千年的农业开垦史，很早就对自然环境中所蕴藏的丰富多彩的遗传资源进行开发利用、培植繁育，因而我国的栽培植物和家养动物的丰富度在全世界独一无二、无与伦比。例如，我国有经济树种1000种以上；我国是水稻的原产地之一，有地方品种50000个；是大豆的故乡，有地方品种20000个；有药用植物11000多种，等等。

5. 生态系统的类型丰富

我国具有陆生生态系统的各种类型，包括森林、灌丛、草原和稀树草原、草甸、荒漠、高山冻原等。由于不同的气候、土壤等条件，又进一步分为各种亚类型约 600 种。如我国的森林有针叶林、针阔混交林和阔叶林；草甸有典型草甸、盐生草甸、沼泽化草甸和高寒草甸等。除此之外，我国海洋和淡水生态系统类型也很齐全。

6. 空间格局繁复多样

我国地域辽阔，地势起伏多山，气候复杂多变，从北到南，气候跨寒温带、温带、暖温带、亚热带和热带，生物群落包括寒温带针叶林、温带针阔叶混交林、暖温带落叶阔叶林、亚热带常绿阔叶林、热带季雨林。从东到西，随着降水量的减少，在北方，针阔叶混交林和落叶阔叶林向西依次更替为草甸草原、典型草原、荒漠化草原、草原化荒漠、典型荒漠和极旱荒漠；在南方，东部亚热带常绿阔叶林（分布于江南丘陵）和西部亚热带常绿阔叶林（分布于云贵高原）在性质上有明显的不同，发生不少同属不同种的物种替代。

2.3.4　重要意义

生物多样性是人类社会赖以生存和发展的基础。我们的衣、食、住、行及物质文化生活的许多方面都与生物多样性的维持密切相关。

首先，生物多样性为我们提供了食物、纤维、木材、药材和多种工业原料。我们的食物全部来源于自然界。维持生物多样性，可以使我们的食物品种不断丰富，人民的生活质量不断提高。

生物多样性还在保持土壤肥力、保证水质以及调节气候等方面发挥着重要作用。黄河流域曾是我们中华民族的摇篮，在几千年以前，那里还是一片十分富饶的土地，树木林立，百花芬芳，各种野生动物四处出没。但由于长期的战争及人类过度开发利用，这里已变成生物多样性十分贫乏的地区之一，到处是黄土荒坡，遇到刮风的天气便是飞沙走石，沙漠化现象十分严重。由于人工植树，大力建设"三北防护林"工程，生物多样性得到了一定程度的恢复，沙漠化进程得到了抑制，森林覆盖率逐年上升，环境不断得到改善。

生物多样性在大气层成分、地球表面温度、地表沉积层氧化还原电位以及 pH 值等方面的调控发挥着重要作用。例如，地球大气层中的氧气含量为 21%，供给我们自由呼吸，这主要应归功于植物的光合作用。在地球早期的历史中，大气中氧气的含量要低很多。据科学家估计，假如断绝了植物的光合作用，那么大气层中的氧气，将会由于氧化反应在数千年内消耗殆尽。

生物多样性的维持，将有益于一些珍稀濒危物种的保存。我们都知道，任何一个物种一旦灭绝，便永远不可能再生。如今仍生存在我们地球上的物种，尤其是那些处于灭绝边缘的濒危物种，一旦消失了，那么人类将永远丧失这些宝贵的生物资源。而保护生物多样性，特别是保护濒危物种，对于人类后代，对科学事业都具有重大的战略意义。

2021 年 10 月 12 日，中华人民共和国主席习近平在《生物多样性公约》第十五次缔约方大会领导人峰会视频讲话中提出："万物各得其和以生，各得其养以成。生物多样性使地球充满生机，也是人类生存和发展的基础。保护生物多样性有助于维护地球家园，促进人类可持续发展。"生物资源也就是生物多样性，有的生物已被人们作为资源所利用，另有更多生物，人们尚未知其利用价值，是一种潜在的生物资源。生物多样性的价值往往不被人们所重视，人们利用生物资源时，通常没有经过市场流通而直接消费，只是取而用之。生物多样性具有很高的开发利用价值，在世界各国的经济活动中，生物多样性的开发与利用占有十分重要的地位。

生物多样性的价值主要体现在以下两个方面。

1. 直接价值（Direct Value）

直接价值也叫使用价值或商品价值，是人们直接收获和使用生物资源所形成的价值，包括消费使用价值和生产使用价值两个方面。

消费使用价值指不经过市场流通而直接消费的一些自然产品的价值。生物资源对于居住在出产这些生物资源地区的人们来说是十分重要的。人们从自然界中获得薪柴、蔬菜、水果、肉类、毛皮、医药、建筑材料等生活必需品，尤其在一些经济不发达地区，利用生物资源是人们维持生计的主要方式。

例如：（1）约80%以上的世界人口主要依赖从植物中获得各种药材。在亚马逊河流域有2000多种动植物被作为药材，在中国，能够入药的物种有5000多种。

（2）木材和动物粪便提供了尼泊尔、坦桑尼亚和马拉维等国家主要能源需求的90%，其他一些国家为80%。

（3）偏僻地区生活的居民的蛋白质主要来源于狩猎的野生动物。在非洲，野生动物的肉制品占人们所需蛋白质的比例很高。在尼日利亚为20%，博茨瓦纳为40%，扎伊尔为75%。加纳大约75%人口的蛋白质来源于动物，包括各种鱼类、昆虫和蜗牛。在尼日利亚的一些边远地区，猎物为人类提供的蛋白质占其年消耗总量的20%。

（4）在马来西亚东部的沙捞越（Sarawak），猎人每年捕获并吃掉的野猪价值折合市场价为40亿美元。在全世界范围内，每年要捕获1亿吨的鱼类（主要为野生鱼类），其中很大一部分被渔民自己吃掉。

生产使用价值指商业上收获时，用于市场进行流通和销售的产品的价值。（生物资源的产品一经开发，往往会具有比其自身高出许多的价值。常见的生物资源产品包括：木材、鱼类、动物的毛皮、麝香、鹿茸、药用动植物、蜂蜜、橡胶、树脂、水果、染料等。）

例如：在美国西部，可从一种药鼠李的树皮中提取畅销的轻泻剂产品，每年销售约为5000万美元，而市场销售价则高达每年15亿美元。2017年美国生物多样性和生态系统服务的总价值约为1.39万亿美元。

木材是一些发展中国家的重要出口产品，2019年全球木材产值约1.8万亿美元，贸易总额约为2820亿美元。在印度尼西亚，木材是第二大出口产品，地位仅次于石油。

一些非木材的生物产品也具有相当重要的地位，印度尼西亚2019年非木材产品的对外贸易达70亿美元。

2. 间接价值（Introduction Value）

生物资源的间接价值与生态系统功能有关，它并不表现在国家的核算体制上，但它们的价值可能大大超过直接价值。而且，直接价值常源于间接价值，因为收获的动植物物种必须有它们的生存环境，它们是生态系统的组成成分。没有消费和生产使用价值的物种可能在生态系统中起着重要作用，并供养那些有使用和消费价值的物种。

生物多样性的间接价值包括非消费性使用价值、选择价值、存在价值和科学价值。

(1) 非消费性使用价值

保护生物资源可以为人类社会带来日益增长的利益，这种效益因地域和物种的不同而各不相同。大致可归纳为以下几个方面：

① 固定太阳能。使光能经绿色植物进入食物链，从而给可收获物种提供维持系统。

② 系统的功能。包括传粉、基因流动、异花授粉的繁殖功能、维持环境的效力和对经济物种获取有益遗传品质有影响的物种，保持进化过程，在生态系统中使竞争者之间保持永恒的张力。

③ 物的吸收和分解。包括有机废物、农药以及空气和水污染物的分解作用。

④ 娱乐和生态旅游（Recreation and Ecotourism）。指人们采用不同的方式利用生物资源开展娱乐活动。在不破坏自然环境的条件下进行旅游活动称为生态旅游。如野外观鸟、赏花、森林浴等。这些活动的价值也叫休闲价值。在全世界，生态旅游可获取120亿美元的收入。例如，在加拿大，每年大约84%的人口要参与到与野生动物有关的娱乐活动中去（如狩猎、参观动物园、保护区旅游等），每年可为加拿大创造约8亿美元的收入。另外，生态旅游还有一定的生态教育功能。

(2) 选择价值

保护野生动植物资源，以尽可能多的基因，可以为农作物或家禽、家畜的育种提供更多的可供选择的机会。例如：家猪与野猪杂交，培育形成了瘦肉型猪的新品种。家鸡已有上百个不同的品种，均来自原鸡。紫杉和红豆杉中可提取抗癌药物（自然界的许多野生动植物，也许短时间内人类无法进行利用，其价值是潜在的。也许我们的子孙后代能发现其价值，找到利用它们的途径。因此多保存一个物种，就会为我们的后代多留下一份宝贵的财富）。

(3) 存在价值

有些物种，尽管其本身的直接价值很有限，但它的存在能为该地区人民带来某种荣誉感或心理上的满足。例如：大熊猫、金丝猴、褐马鸡等是中国的特产珍稀动物，全国人民都引以为荣。熊猫已成为中国的象征。

(4) 科学价值

有些动植物物种在生物演化历史上处于十分重要的地位，对其开展研究有助于搞清生物演化的过程。如一些孑遗物种（水杉、楔齿蜥等）。

思政小结

环境容量是指生态系统所能承受的人类活动对环境影响的最大容忍能力。工业发展对环境容量的影响非常大，它涉及资源利用、能源消耗、废弃物排放等方面的问题。因此，正确处理工业发展与环境容量的关系对于实现可持续发展具有重要的意义。在思想政治教育中，要引导学生认识工业发展与环境容量的关系，强调经济发展与环境保护的协调性。正确认识工业发展与环境容量的关系有助于学生树立正确的生态文明理念和可持续发展观念，增强环保意识和责任感。

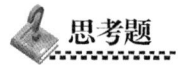
思考题

1. 20 世纪末，设某地人口为 $P_0=0.42\times10^8$ 人，人均 GDP 为 $A_0=800$ 美元/人；21 世纪中叶，人口为 $P=0.56\times10^8$ 人，人均 GDP 为 $A=8500$ 美元/人。（1）如在此期间不允许环境负荷上升，问万美元 GDP 环境负荷应降低多少？（2）如允许环境负荷上升 30%，问万美元 GDP 环境负荷应降低多少？

2. 已知某市 2006 年 GDP 为 $G_0=1500\times10^8$ 元，新水耗量为 $l_0=18\times10^8$ m³；2026 年 GDP 将增至 $G=7000\times10^8$ 元。如到 2026 年新水耗量只允许增加 20%，问 2026 年万元 GDP 新水耗量应为多少？并与 2006 年进行对比。

3. 若将例 2-2-5 中的 g 值提高到 0.09、0.11、0.13、0.15、0.17，在这五种情况下该地 2025 年排放量比 2020 年分别增加百分之几？从中你发现了什么规律？

4. 查阅你所在省份和城市的国民经济和社会发展"十四五"规划，根据规划中的经济增长指标和能源消耗指标，计算"十四五"期间的经济增长量和能源消耗增长量，思考一下 GDP 的年增长率与单位 GDP 环境负荷的年下降率两者之间是否匹配？

5. 你认为我国目前的社会经济系统更接近于稳态还是非稳态？对于我国的环境保护工作来说，你从资源环境关系式能得到什么启示？

6. 正确的环保工作思路应是怎样的？它与传统的环保工作思路有怎样的差别？正确的和传统的环保工作思路分别会产生怎样的环境影响？

7. 简述保护生物多样性的意义。

8. 保护生物多样性的措施有哪些？

9. 生物多样性的特点有哪些？

3 资 源

教学目标

教学要求：系统了解水资源、化石能源和可再生资源的特征，对现阶段各资源的利用有充分的认知。

教学重点：可再生资源的发展。

教学难点：可再生资源的利用及技术发展方向。

3.1 水 资 源

3.1.1 水资源的现状

水是所有生物的普遍组成部分，是人类生命的组成部分，是关系人类生存和社会发展的重要物质，是生态环境中最活跃和影响最广泛的因素。水资源概念具有广义和狭义之分。地球上的水资源，从广义上说是指水圈内水量的总体，即指能够直接或间接使用的各种水和水中物质，对人类活动具有使用价值和经济价值的水均可称为水资源。而狭义上的水资源是指在一定经济技术条件下人类可以直接利用的淡水。

1. 水资源的分布及地下水资源

地球上水资源总量约为 14 亿 km^3。其中，淡水资源总量约为 3500 万 km^3，约占水资源总量的 2.5%。人类可利用的淡水资源只有 0.11 亿 km^3，占淡水总量的 30.4%，主要分布在地表 600m 深度以内的含水层、湖泊、河流和土壤中。这些淡水资源中的 70% 是由山地、南极和北极地区的冰和永久积雪构成，约为 2400 万 km^3。不到 30% 的淡水资源以地下水（即浅层和深层地下水、土壤水分、沼泽水和永久冻土）的形式贮存在地下，淡水湖和河流约 10.5 万 km^3，占全球淡水资源的 0.3% 左右。

全球淡水资源短缺且分布极不平衡。按地区分布，巴西、俄罗斯、加拿大、中国、美国、印度尼西亚、印度、哥伦比亚等国家的淡水资源占世界淡水资源总量的 60%，而约占全球人口 40% 的国家和地区却严重缺水。

在淡水资源中，地下水为全球人口提供饮用水方面发挥着至关重要的作用，其对发展中国家、干旱地区和地表水有限、不适宜和无法获得地表水的地方尤为重要。地下水约占地球上液态淡水总量的 99%，尽管分布不均，但地下水的踪迹遍及全球，具有巨大的社会、经济和环境效益，包括应对气候变化。目前全球一半的居民生活用水和约 25% 的农业灌溉用水来源于地下水，地下水浇灌了全球 38% 的灌溉用地，提供了全球 25% 的消费用水，其中 50% 用于饮用，40% 用于工业。地下水之所以如此重要是因为：①供水功能，地下水可被人类开采使用；②调节功能，通过地下水含水层调节水系统数量和质量的能力；③支撑功能，支撑"地下水依赖型生态系统（GDE）"及其他与地下水相关的环境特征要素；④文化功能，地下水连接了休闲活动、传统仪式、宗教或精神价值等文化活动，这些活动一般是与特定地点而非含水层相关。地下水还为人们提供了许多额外的便利，例如地热发电，增加地下储水量以改善供水安全，以及应对气候变化的影响等。然而，人们却对这种自然资源知之甚少，造成地下水的价值被低估、管理不完善，甚至出现对地下水的滥用。在全球许多地区日益缺水的背景下，地下水巨大的潜在价值及妥善管理的迫切需求已不能再被忽视。

2. 水循环

地球上各种形态的水，在太阳辐射和地心引力等的作用下，通过蒸发、水汽输送、凝结降水、下渗以及径流等环节，不断地发生相态转换和周而复始运动的过程称为水循环。水是支撑生命、生态系统和人类社会的基本自然资源。因此，水循环对可持续发展具有重要意义。地球水循环连接着大气圈、岩石圈、生物圈和人类圈，并在它们之间进行水量和能量的交换，同时也受到人类活动和社会经济发展的深刻影响。

自然界的水循环基本过程包括蒸发、降水、水汽输送、径流及下渗等环节，如图3-1所示。

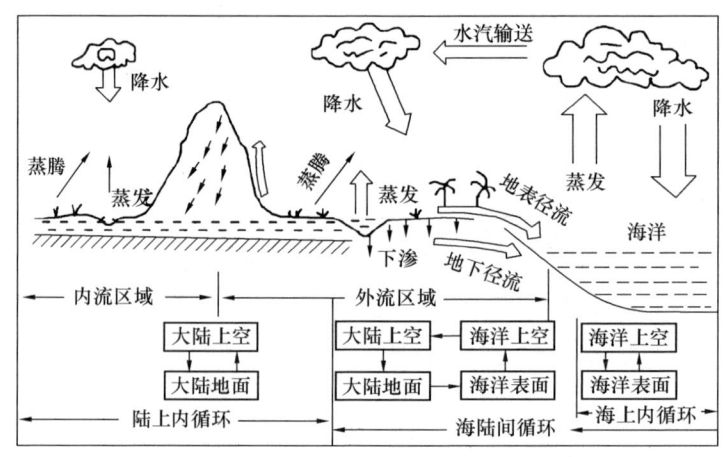

图3-1 自然界水循环示意图

（1）蒸发。蒸发过程是水循环的重要环节，陆地上年降水量的66%是通过蒸发返回大气的，需要说明的是，此处所指的蒸发包括水面蒸发、陆地蒸发和植物蒸腾。影响蒸发的因素很多，包括太阳辐射的供应、水汽的梯度以及水温、气温、风、气压等。

（2）降水。降水主要来自大气中的云，但有云不一定能形成降水，因为云滴体积很小，不能克服空气的阻力和上升气流的顶托。只有当云滴增长为雨滴并足以克服空气阻力和上升气流的顶托，在降落至地面的过程中不被蒸发掉，降水才能形成。降水是水循环中一个十分重要的过程，自然界中的水资源以及能被人类所利用的水资源均来自于大气的降水。

（3）水汽输送。陆地和海洋表面的水经过蒸发后，如果不经过水汽输送就只能降落到原地，不会形成地区间或全球的水循环。实际上，蒸发返回大气中的水分通过水汽输送可能会降落到其他地方，增加了水循环的复杂性和多样性。大气中的水汽是全球水循环过程中最活跃的成分，其更新速度远快于其他任何水体，也正是由于大气中水汽的活跃、更新和输送，才实现全球各水体间的水量连续转化和更新。

（4）径流。径流又称为河川径流，等于地表径流、地下径流和壤中流之和。在大气降水降到地面以后，一部分通过蒸发返回大气，一部分通过下渗进入土壤，一部分可能蓄积在地表低洼处，剩余的水量在一定条件下可能会形成地表径流，当下渗的水量达到一定程度后会形成地下径流。影响径流量大小的主要因素包括降水、蒸发、温度、湿度、地理位置、地形条件、植被、水利工程、城市建设等。

（5）下渗。降落到地面上的水只有一部分可能形成径流，另外的可能被蒸发掉或下渗到地面以下。下渗是地下径流和地下水形成的重要过程，它不仅直接决定着地面径流量的大小，还影响土壤水的变化和地下径流的形成。影响下渗的因素主要包括土壤均质性、土壤质地和孔隙率等土壤因素，土壤初始含水率、地表结皮、雨型、雨强等降水因素，以及植被、坡度、坡向、耕作措施等下垫面因素。

人类社会活动影响下的"自然-社会"二元水循环系统。水是人类生存和经济社会发展的重要基础资源。人类活动的加剧，如水利工程的兴建和城市化的发展，打破了自然水循环系统原有的规律和平衡，极大地改变了水循环的降水、蒸发、入渗、产流、汇流等过程，使原有的水循环系统由单一的受自然主导的循环过程转变成受自然和人工共同影响、共同作用的新的水循环系统。这种水循环系统称为"自然-人工"（或"自然-社会"）二元水循环系统。随着人类改造自然能力的增强，先后通过傍河取水、修建水库取水、开采地下水、跨流域调水等措施，极大地改变了原有的自然水循环模式。因此，二元水循环除原有的太阳辐射和地心引力两种天然驱动力外，还增加了人工动力系统这种新的驱动力。

传统的水文主要集中在降水、径流、蒸发、地表水、地下水相互作用，以及流域的水供需。然而水系是由陆地环境的变化演变而来，最终影响区域水资源的形成、配置和利用。因此，需要综合研究生态水文学、气象水文、冰冻圈水文、城市水文、社会水文、全球变化等，以促进扩大水循环和水资源研究的深度和广度。

3. 影响水循环的主要因素

（1）气候变化。在全球变暖的背景下，大气系统的变化加速了水循环的时空变化，加剧了全球和区域水资源短缺。气候变化的特点是气温上升及热浪、暴雨、洪水、突发性干旱和持续干旱等极端事件更加频繁，这已成为科学界、政府和公众严重关切的问题。在气候变暖的情况下，全球陆地冰冻圈发生了冰川退缩、降雪减少和冻土退化等变化，这些变化除对人类活动造成影响之外，还影响着水循环。人类通过温室气体排放、节水项目和用水活动影响水循环。利用长期史料分析水文气象极端事件发生的频率、持续时间和强度变化，是认识气候变化对水文影响的基础。证据表明，气候变化已导致水循环发生重大变化，例如与温度相关的极端事件、干旱和极端降雨等。

（2）土地利用。通过改变土地利用，人类影响地表能量平衡和水循环。极端水文气象事件的强度可因陆-气相互作用而增强或减弱。基于"海洋-陆地-大气"紧密耦合过程的系统方法是用于了解在全球变化下水循环如何变化的主要方法，并可以开发模型研究用于极端水文气象事件的预测。近几十年来，基于海气耦合气候模型和陆面水文模型已成功应用于预测持续干旱和洪水等极端现象。以未来气候情景为基础的区域气候或陆地表面/水文模型被用来模拟未来极端气象和水文事件的频率、持续时间和强度。结合未来的人口和经济数据来计算潜在灾害的爆发程度或脆弱性等指标,有助于预测极端事件的风险,然而,对极端水文事件及其风险的预测能力还有待进一步提高。要了解人类用水与全球水文气候系统之间的相互作用,尚需要更详细的陆面水文模拟和陆-气耦合模拟。

(3) 冰冻圈。由于全球变暖,冰冻圈(如冰、雪和永久冻土)的快速变化加剧了水循环。冰川数量和大小以及冰雪的变化会对河流径流和水资源产生较大的影响。冻土研究主要集中在当前冻土变化的规模和速度,以及可能对水循环和水资源的影响。近年来,全球尺度冰川模型的发展取得了进展,但仍然缺乏基于物理的冰川动力学和前缘消融过程的研究。因此,需要将冰川物质平衡模型与水文模型联系起来。

由于积雪变化影响地表热传递和径流,需增加积雪遥感观测,并使用反演技术获得更真实的数据用于水文模型。在冰冻圈水循环变化的数值模拟和预测方面,迫切需要多尺度、多过程耦合的冰冻圈水文模型。此外,应加强对融雪洪涝灾害的研究。水文循环和水资源研究的一个重点是定量描述人类用水对水循环的影响,并根据气候变化评估地表水文过程的响应。

(4) 新技术。现在越来越需要发展新技术,并需有效收集和整理数据,以更好地应对水循环和水资源管理的复杂性。其中一种方法是通过遥感为水循环和水资源研究提供长期的大尺度数据。这些数据有助于增强对水循环过程和机制的理解。计算机技术的进步提高了水文模型的开发能力,从简单的概念模型(如TANK模型)发展到复杂的分布式和集成水循环过程模型(如CLM模型)。将观测和数值模拟相结合的数据同化技术,对提高水循环和水资源模拟的准确性具有重要意义。大数据分析、人工智能等技术在水循环和水资源分析中的应用日益增强,未来将在推动水资源的深入研究中发挥越来越重要的作用。

4. 水资源的特点

水资源是在水循环基础上随时空变化的动态自然资源,有着与其他自然资源不同的特性。

(1) 可再生性。具有循环流动性和总量有限性。受地心引力的作用,水从高处向低处流动,通过形态的变换显示出它的循环特性。当地表水和地下水被开采利用后,可以通过大气降水得到补给,水循环使资源蕴藏无限性。但循环过程中,由于受到太阳辐射、地表下垫面、人类活动等影响,往往每年更新的水量是有限的。

(2) 时空分布不均匀性。水资源的补给主要是大气降水、地表径流和地下径流,具有随机性和周期性(其年内和年际变化都较大),且在地区和季节分布上不均衡。

(3) 易污染性。外来的污染物进入水体后,随水流运动扩散,当其浓度超过水体自身的稀释和净化能力时,污染物就会在水体中富集,导致水质逐渐恶化,影响水的使用功能,严重时会破坏水生生态系统。

(4) 用途广泛和不可替代性。水资源既是生活资料又是生产资料,更是正常维持生态系统的保证,广泛用于灌溉、发电、供水、航运、养殖、旅游、净化水环境等生产、生活的各个方面。

水的广泛用途决定了水开发利用的多功能特点。此外,自然界中河流、湖泊等水体作为环境的重要组成部分具有重要的环境效益。

（5）利害两重性。水能载舟亦能覆舟。水是维持生命和组成环境方面不可替代的资源。然而，由于降水和径流的地区分布不平衡和时空分布不均匀，往往会出现洪涝、干旱等自然灾害，危及人类生命财产和生态系统。同样，不当的水资源开发也会引起人为灾害，如垮坝事故、次生盐碱化、水质污染和环境恶化等。

5. 我国水资源的分布及特点

2021年，我国水资源总量为29638.2亿 m^3，居世界第六位。其中，地表水资源量为28310.5亿 m^3，地下水资源量为8195.7亿 m^3，地下水与地表水资源不重复量为1327.7亿 m^3。人均占有量2340m^3，仅为世界人均占有量的1/4，排在世界第109位，被列为世界13个贫水国家之一。

我国地域辽阔，地处亚欧大陆东侧，跨高中低三个纬度区，受季风和自然地理特征的影响，南北、东西气候差异很大，致使我国水资源的分布极不均衡。我国水资源特点如图3-2所示。

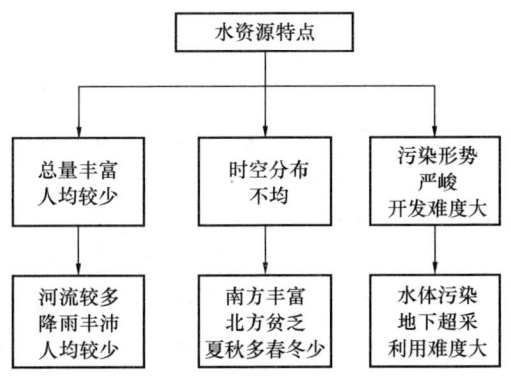

图3-2 我国水资源特点

总体上，我国水资源呈现以下特点：

（1）水资源总量较丰富，但人均占有量少。我国河流众多，流域面积在1000km^2以上的河流有1500条，在100km^2以上的河流有50000条，全国河流年径流量位居世界第四位。我国水资源看似丰富，但是人均占有量仅为世界人均占有量的1/4。同时，我国年平均降水量约6万亿 m^3，其中约3.2万亿 m^3 通过土壤蒸发和植物散发又回到大气中，余下约28万亿 m^3 形成地表水和地下水。这一淡水资源总量低于巴西、俄罗斯、加拿大、美国和印度尼西亚，居世界第六位。但由于我国人口众多，人均水资源占有量低，仅为世界平均水平的1/4。

（2）水资源时空分布不均。受季风的影响，我国水资源南方丰富，北方贫乏。从总量来看，北方地区面积占全国63.5%，而水资源总量为5627亿 m^3，占全国水资源总量的19.1%。南方面积占全国总面积的36.5%，水资源总量为23145亿 m^3，却拥有全国80.9%的水资源。从地表水资源来看，南方地表水资源量占全国的84%，北方仅占16%。从地下水资源量来看，南方年均地下水量为5760亿 m^3，占全国水平的70%，北方年均地下水量为2458亿 m^3，仅占全国的30%。就降水量来说，全国年均降水量为61775亿 m^3，南方地区占68%，北方仅占全国的32%。

水资源的时间分布极不均衡，基本上是夏秋多、冬春少，且降水量越少的地区，年内集中降水程度越高。北方地区汛期 4 个月径流量占年径流量的比例可达 70%～90%，而南方地区则占全年的 60%～70%。

（3）水资源污染形势严峻，开发利用难度大。我国不少工业废水和生活污水未经处理直接排入河湖等水体，或在处理废水时，采取的处理措施不合理，也加剧了水体的污染。多数城市存在不同程度的水环境恶化、地下水严重超采和污染，这些水环境污染问题不仅给人们日常生活与生产质量带来了一定的影响，同时还严重威胁着人们的生命安全。此外，我国如黄河等部分河流含沙量大，水中的高含沙量造成河道淤塞、河床坡降变缓、水库淤积等一系列问题，增大了水资源开发利用的难度。

3.1.2 水资源的利用

1. 水资源的利用现状

水资源是经济社会发展的基础性、先导性、控制性要素，水的承载空间决定了经济社会的发展空间。人类对水资源的开发利用可分两大类：一类是从中取走所需的水量，满足人民生活和工农业生产的需要，利用后水资源数量有所消耗，水质有所变化，在另外地点回归水循环。另一类是利用水能（水力发电），发展水运、水产和水上游乐，维持生态平衡等。这种利用无须从水源引走水量，但需河流、湖泊、河口等保持一定的水位、流量和水质。

人类早期对水资源的开发利用主要是在农业、航运、水产养殖等方面，而用于工业和城市生活的水量很少，直到 20 世纪初，工业和城市生活用水仍只占总用水量的 12% 左右。随着世界人口的高速增长及工农业生产的发展，水资源的消耗量越来越大，工业用水与城市用水占总水量的比例不断上升，而农业用水占总水量的比例有所减少。现在人类每天提取的淡水量约为 $10km^3$，年均为 $3500km^3$，是世界工业初期时的 36 倍多。在世界水资源的消耗中，用水量最大的是农业，平均农业用水量约占总用水量的 69%，而工业用水占 23%，公共生活用水占 8%。在我国，农业总用水量已超过 4000 亿 m^3，占全国总用水量的 70% 多，其中农业灌溉用水达 3600 亿 m^3。

据统计，近 40 年来全世界农业用水仅增加了 2 倍，而工业用水增加了 7 倍。在工业用水中，以工业冷却用水量最大，占 30%～60%，其次是冶金工业和化学工业用水。农业用水主要是灌溉用水，由于农业用水损失率比工业用水高得多，因此，农业用水对水资源的消耗很大。

此外，用水浪费严重，对水资源的无节制、不合理开发，导致水土流失、湖泊萎缩、江河断流、土地沙化、生态恶化，又进一步加剧水资源的短缺。在我国，产业结构不合理，高耗能行业发展集中，生产管理水平低，生产用水浪费严重。人们节水意识差，生活用水浪费严重。由于相关法律制度的不健全，违反生态规律的掠夺式开发，使水资源遭到破坏。辽河、海河的地表资源开发利用程度为 60% 左右，而珠江、长江则仅为 15%。海河流域地下水资源开发利用程度为 90%，辽河流域为 60%，珠江、长江流域则不到 10%。我国北方地区因为地表水源不够，造成地下水开采过量，部分地区出现地面下沉、地下水位下降与海水入侵现象。

目前，全球每年仅排入水体的废水为 7000 亿 m^3，被污染的水量达 85000 亿 m^3。

我国污水排放量大，废水处理率较低，造成水体污染，水环境问题严重。水体污染破坏生态平衡，其直接结果是水资源的可利用程度下降，可利用水量减少，从而加剧水资源的紧张状况。据估计，农业污染已经超过居民生活和工业所造成的污染，成为内陆和沿海水域水质变差的主要因素。化工和有机肥料中的硝酸盐是全球地下水中最普遍的人为污染物。当杀虫剂、除草剂和杀真菌剂等使用或处理不当时，其中的致癌物和其他有毒物质也会污染地下水。越来越多的城市对地下水的依赖性正逐步变大。据估计，目前全球近50%的城市人口生活用水来源于地下水，然而，许多贫民生活在城市化尚未完全的地区，这些区域缺乏规划与法律约束，也没有公共供水基础设施和服务。在世界大部分地区得不到集中供水服务的农村地区，地下水是向当地人口提供基本用水的唯一可行且负担得起的方式。粪便就地处理和地下水供水在同一地点并存是浅层水源面临的一个严重问题。据估计，农村地下水供水中的病原体持续污染对约30%的供水基础设施产生影响，这种情况通常对弱势群体的影响最大（妇女和女孩接触含有病原体和毒素的污水的风险更大）。目前，超过40亿人受到水资源短缺的影响。在包括中国在内的世界许多地区，水资源的开发和利用已经超过了警戒线，由此导致的环境问题包括流量较少或断流、生态系统退化、地下水位下降、湖泊/湿地萎缩等。这些问题表明，不可持续的水资源利用已经成为阻碍全球许多经济体可持续发展的一个重要因素。

2. 水资源危机及解决途径

1) 水资源危机

水是世界上最重要的自然资源。我们的生存和自然环境从根本上取决于供水的数量和质量。水是维持一个社会的农业、工业和经济活动的必要条件。因此，适当管理水资源是确保粮食生产、减少贫穷和消除与水有关的疾病的手段。水的问题被认为是气候变化的后果，气候变化已经导致世界上一些地区的水变得稀缺。如今，降雨量越来越难以预测，自然水源也越来越不可靠，淡水供应是一个主要的全球问题。

水安全是当今许多国家面临的一项日益严峻的重大挑战。据联合国教科文组织（2016年）预测，全球人口数量从2011年的70亿将增长到2050年的93亿，增长33%。全球40%的人口生活在缺水地区，到2025年，约有18亿人将生活在绝对缺水的地区或国家。到2030年，全球水的供需将面临40%的短缺。到2050年要养活93亿人，需要将农业产量提高60%，并增加15%的取水量。除了这种不断增长的需求外，世界许多地方的资源已经稀缺。联合国教科文组织进一步揭示，2014年，全球39亿人（54%）居住在城市，但到2050年，全球2/3的人口将居住在城市，由于家庭、商业、工业和农业用途的需求不断增长，预计全球用水需求量将增加55%。Schlosser指出，到2050年，仅经济增长、人口变化就可能导致额外18亿人遭受至少中度的水资源压力，其中约80%在发展中国家。

供人类使用的水资源不会增加，甚至会因人为的污染等因素导致可利用量减少。加之世界淡水资源分布极不均匀，人们居住的地理位置与水资源的分布又不相称，水资源的供需矛盾很大，尤其是在工业、人口集中的城市更为严重。因此，对水资源的利用应当合理有序，否则会引起一系列的不良后果而出现严重的水资源危机。

2) 解决途径

淡水是一种有限的资源，它的供应关系到水循环的健康运行。水循环的任何扰动都会损害水的再生能力。水资源短缺是一个世界性的问题，是水文不规律、人口迅速增长和城市化导致人类大量使用的综合结果。商品和服务的生产需要更多的水来满足城市对食物和产品的需求。工业污染、城市地区不受控制的家庭排放、农业活动造成的污染以及土地使用或水利基础设施的各种改变都可能造成水资源的不可持续利用。水的供需不平衡要求相关部门采取更多创新的水管理做法，以便为今世后代提供足够的优质水。

水资源危机已成为影响我国社会经济可持续发展最重要的问题之一，面对日益严峻的形势，宜采取以下措施：

（1）转变观念。水是一种资源，淡水更是一种有限的资源，它不是取之不尽、用之不竭的，需要给予足够的重视和保护。应加强教育，培养个人良好的节水习惯，避免用水浪费。

（2）改进生产技术，提高水的利用率。积极改革生产工艺，降低单位产品生产耗水量。减少生产用水量和工业废水排放量；改进传统的灌溉技术，使用较为先进的如喷灌、滴灌等技术，减少农业灌溉用水量。

（3）改善生态环境，合理利用水资源。植树造林、扩大森林的覆盖率可提高水资源涵养量。在充分考虑生态环境影响的前提下兴修水利、拦洪蓄水，趋利避害，并加强水体保护、水土保持，对水资源进行合理分配和使用。

（4）发展污水处理技术，实现污水资源化利用。建设污水处理厂，提高污水处理率，实现污水处理后重复用水，使再生水成为第二水源，缓解水资源紧张，减少污水排放量，保护环境和水资源不被破坏。

（5）拓宽水资源利用途径。通过收集和利用雨水，既可改善城市生态环境，降低城市雨洪灾害，又增加城市备用水源。加强海水和苦咸水利用。我国大陆海岸线绵长，海水淡化是解决沿海城市淡水资源短缺的有效途径之一，利用海水资源作为工业冷却水或生活冲厕水等举措的实施，将使水危机得到进一步的缓解。

（6）合理开采地下水，增加地下水补给量，是促进地下水可持续利用的必经之路。一是合理规划和调整开采布局，保证不同含水层和不同区域的地下水均衡开采，控制地下水水位的变化幅度，防止局部含水层水位的大幅度下降；二是优化调节开采方案，控制开采强度和开采节奏，对于超采区域和超采层位，要压缩开采量，增加地下水补给可采用人工回灌。此外，还可采用截流蓄水、绿化造林等手段，延长雨水或地表水的滞留时间，提高水头压力，促进地表水和土壤水、地下水的水力联系，间接增加地下水资源量。

（7）跨流域引水及长距离调水。跨流域引水及长距离调水可大大改善我国水资源分布不均的情况，成为我国干旱缺水城市解决水资源短缺的重要措施之一，并可以大大提高全国范围的抗洪、抗旱能力，缓解水、旱灾难压力。

（8）加强城市水资源保护，实现城市水资源的科学管理。一是加强水质的动态监测，控制污染源，防止水污染和水质恶化；二是加强对水循环系统的保护，促进雨水、地表水、土壤水和地下水的"四水"转换。城市水资源的科学管理应贯穿于水资源开发、利用和保护的全过程，使水资源开发利用的整体效益最优。

（9）构建水生态文明，强化水资源保护与水生态修复力度。把生态文明理念融入水资源开发、利用、治理、配置、节约、保护的各方面和水利规划、建设、管理的各环节，坚持节约优先、保护优先和自然恢复为主的方针，通过加强水资源节约保护、实施水生态综合治理等措施，大力推进水生态文明建设，完善水生态保护格局，实现水资源可持续利用，提高生态文明水平。

（10）强化理论研究，为水资源利用提供基础支撑。水足迹（Water Footprint，WF）已成为当今追踪人类对淡水供应压力的重要指标，是继生态足迹和碳足迹之后又一足迹家族的成员。它可以比较真实地反映水供应和真实的水需求，从而促进高效的水管理。全球水足迹网络（WFN）成立于2008年，旨在从全球角度评估水的可持续性，制定框架和工具，提供评估WF的方法，并促进个人、城市、地区和国家的可持续水管理。确定水资源的时空分布、认识人类发展过程中水资源的开发利用和生态系统保护，以确保水资源的可持续利用。

3.1.3 水资源循环利用

1. 水资源循环利用现状

目前，我国已经逐步进入经济建设发展的关键时期，虽然时代的发展推动了节约水源工作的落实，但是各领域的用水量增长速度却始终呈现增长趋势，导致水资源短缺问题严重。水资源的缺失对国民经济的稳定发展产生了较为直接的冲击和影响，并引起相关部门的关注。相关预测信息分析表明，水资源危机已居世界各类资源危机之首。针对水资源不足的情况，世界各国制定了许多有效措施促进水资源循环利用。多年来在水资源、水系统评价和开发利用及水生态环境保护等领域做了很多研究。循环利用水资源不仅使污染物排放量大大降低，还使区域经济得到发展，并使水环境质量得到改善。

旧的水资源利用结构和模式已经无法满足现状，发展水资源循环利用对于现代化城市经济发展和人民生活改善具有重要意义。我国从各个方面对水资源循环利用、水资源优化分配、污水梯级利用与回用等开展研究与应用。对于区域角度水资源利用，主要强调水资源的永续利用和良好的生态环境，建设污水、雨水和再生水等的收集、处理综合利用系统，从而实现水资源的循环利用。

对于工业园区的用水问题，国家鼓励各类产业园区的企业进行水的分类利用和循环使用，而企业应当积极发展串联用水系统和循环用水系统，以提高水的重复利用率。生态工业园区更是为了有效地共享原料、水资源、能源、基础设施、信息等资源而彼此合作的产业共同体，可以利用"减量化、水再使用、水再生利用、水再循环、水资源管理"的水循环经济模式，使生态工业园区成为水资源循环系统的有效平台。推进工业水效提升，是推动工业用水方式由粗放低效向集约节约利用转变的内在要求，是缓解我国水资源供需矛盾、保障水安全的重要途径，是推动产业转型升级、促进工业绿色高质量发展的有效举措。

2022年6月，工业和信息化部、水利部、国家发展改革委、财政部、住房城乡建设部和市场监管总局六部门联合印发《工业水效提升行动计划》，提出到2025年全国万元工业增加值用水量较2020年下降16%。重点用水行业水效进一步提升，钢铁业吨钢取水量、造纸业主要产品单位取水量下降10%，石化化工业主要产品单位取水量下降

5%,纺织、食品、有色金属行业主要产品单位取水量下降15%。工业废水循环利用水平进一步提高,力争全国规模以上工业用水重复利用率达到94%左右。工业节水政策机制更加健全,企业节水意识普遍增强,节水型生产方式基本建立,初步形成工业用水与发展规模、产业结构和空间布局等协调发展的现代化格局。

2. 水资源利用过程存在的问题

(1) 再生水利用认识不足

一些城市对于再生水利用的重要性认识不到位,一些主管部门对再生水利用工作缺乏重视,使社会公众对水的忧患意识、节水意识、水资源保护意识不强,对再生水利用的必要性、紧迫性缺乏了解,甚至存在抵触心理和安全性顾虑。

(2) 再生水水源单一

目前,产业园区水资源回用通常建立园区分质供水体系,即建设自来水和再生水两套供水设备和管网系统,实现水资源优质优用、低质低用。园区的再生水大多来自城市再生水管网,由集中再生水厂统一提供。其优点是便于集中管理和保障水质安全,缺点是忽略了分散再生水设施(如企业、居住区内生水设施)的生产能力,而且偏远地区管网敷设成本较高。

(3) 管网等设施建设滞后

由于城市供水设施建设滞后于城市建设发展,在工业企业增多、居民住房环境条件改善的同时,出现一些工厂、居民用水紧张和无法满足生产、生活需要的矛盾。随着新兴工业开发区的建设和发展,城市新的经济开发区等区域内新建的工业项目需要增加供水量,原有设施难以满足新型工业的供水需求。一些城市没有配套建设再生水厂,仍停留在原有污水处理规模和标准,或者再生水输配管网滞后或不配套,管网覆盖半径小,影响了潜在的再生水用户的使用。

(4) 产生量与用量不匹配

在各产业园区中,因企业分布和生产特性的差异,再生水的产需量通常不匹配。一方面大量企业及市政设施对再生水有极大的需求,对水质的要求不高,另一方面有些企业具有富余的再生水产能和外供能力,在这种情况下,需采用水资源绿色循环系统解决再生水产量与需求量不平衡的问题,实现园区水资源的统筹调度与优化利用,充分利用现有再生水资源,降低再生水设施的运行费用,提高再生水利用率。

(5) 再生水生产利用领域技术落后

污水再生利用技术和设备难以满足再生水利用的需求,相关技术和工艺还需进一步提高。传统的混凝、沉淀、过滤和消毒对一些水质复杂的污水难以达到理想的处理效果,生物处理技术需要满足一定的条件,膜处理工艺存在运行费用高、膜污染等问题。

(6) 水的自然循环和社会循环分离

目前,产业园区中的水循环系统构建技术,通常采用集中的污水处理厂和配套生水利用设施。这种方式虽然便于水资源统一调配,但水资源的循环仅限于管网内的企业,只包含了社会循环,却忽略了自然循环这一重要环节。水在自然环境中,降水、流动、蒸发、渗透等过程使水体在循环自净的同时发挥着调节气候、美化环境、繁衍生物等方面的生态功能。实现水资源自然循环和社会循环的联通,是生态用水和景观用水短缺地区解决供水矛盾的可选方案。

（7）再生水利用安全缺乏有效监管

再生水利用安全监管包括再生水厂出水水质监管、管网水质监管、用户安全监管等。由于缺乏有效的监管制度、标准及设施维护得不及时，许多设施老化失修严重，使得再生水水质、水量、用户安全等难以保证，存在一定的安全风险。

（8）政策管理制度不健全

许多国家和地区的水资源管理政策和相关法律法规存在差异，缺乏统一的标准和规范，容易导致资源浪费和管理混乱。水资源管理涉及多个领域和部门，缺乏跨领域协调和合作的政策，难以实现对水资源的综合管理和利用。

3. 城市水资源循环利用

据统计，我国有16个省、自治区、直辖市人均水资源拥有量低于国际公认的用水紧张线，其中，山东、北京、天津等10个省市则低于严重缺水线。随着城市水资源消耗量与废水排放量的不断增加，地表水环境越来越恶化。城市水资源循环利用可将城市生产生活过程中产生的污水、废水、雨水等净化处理，实现资源的可持续发展。

1）工业污水循环利用模式

工业生产是经济发展的重要基础，而工业生产过程对水资源的利用很大。因此，对工业污水进行循环利用至关重要。从当前研究现状来看，工业污水循环利用主要有生态景观、工业再利用、地下水补充、地表水补充及农业用水等途径。鉴于城市生态景观对水质要求较低，对工业污水进行简单净化处理即可应用，这些用于生态景观的水通过下渗的方式可以回归自然，增加了城市生态系统的水资源储存量。市政建设是促进城市健康发展的重要组成部分，市政设施的建设与居民的工作、生活密切相关，为了最大限度满足城市建设的需求和不破坏现有紧张的水资源，可将工业污水简单净化处理后用于市政建设，例如园林灌溉、马路喷洒等。值得注意的是，市政建设用水对水质的要求较低，但不能直接接触人体，即便经过净化处理，工业污水中的部分物质依然会对人体产生一定的影响。因此，在进行园林灌溉与道路喷洒时，要尽量选择夜间进行。在工业污水二次利用过程中，对于水质要求低的生产环节，可以将收集后的污水直接应用于生产中；对于水质要求高的生产环节，可以利用膜技术进行二次处理。通常，经过膜处理的工业污水可用于工业生产。此外，可将集中的工业污水通过湿地进行二次处理，用于地下水系统的补充，利用地下水的回灌处理，实现水资源的自然净化。

2）雨水循环利用模式

降水是城市水资源的稳固自然来源，雨水循环利用是城市水资源循环利用中常用的一种模式，其将雨水收集经过简单净化处理后应用到城市生产生活中。降雨与降雪是城市雨水资源的重要来源，因为南方地区降雪较少，降雪转化为水资源时需要温度和场地，无法实现很好的回收利用，因而城市雨水循环利用主要集中于降雨。

收集雨水的方法有以下几种：

（1）屋面雨水收集。对于屋面雨水，一般放弃初期雨水，在弃流雨水池内设浮球控制阀，随着池内截流的初期雨水量增加，水位不断上升，浮球阀也不断升高，当达到设定水位的高度时，浮球阀进入池内的雨落管出口，使其完全关闭，后续雨水沿雨水收集管道，送入净化处理装置进行处理。池内已收集的初期雨水，在降雨结束后打开放空阀将其排入污水管道。

（2）路面雨水收集。主要是利用街道、马路等专设雨水管道引水，分段设置蓄水池储存，对存储的雨水进行简单的物理化学处理（如过滤、絮凝、消毒等）后，即可将其用于冲洗街道、浇灌绿化、景观用水等，也可用于地下水的回灌。路面雨水的水质要比屋面雨水的水质差得多，特别是初期雨水中的COD（化学需氧量）、SS（悬浮物）等污染物的含量比屋面雨水的含量高出很多。因此，需对初期雨水进行弃流，弃流的初期雨水可排入污水处理厂进行处理后达标排放。

（3）城市绿地、花坛和园林雨水集蓄。采用设在绿地上的下凹式收集系统，绿地的高程应低于地面的高程，雨水收集口的高程亦略低于地面高程而高于绿地高程。利用绿地和土壤的过滤、拦截作用，降雨后雨水径流进入绿地，经绿地蓄渗、补充消耗土壤水分后，多余的雨水流入集（蓄）水池。集（蓄）水池集（蓄）的雨水既可用来灌溉花草树木，也可作为冲洗城市路面用水。

3）生活污水循环利用模式

在生活用水梯度利用中，生活饮用水对水质要求较高，可将使用过一次的生活用水用于家庭生活范围内的二次利用，按照水质的不同进行多次循环利用。比如，可将清洗蔬菜后的自来水用于浇花或者冲洗厕所。鉴于生活用水主要用于洗衣做饭和冲洗厕所，故可将清洗蔬菜后的用水进行简单过滤后用于花草灌溉，洗衣服和洗澡的用水可以集中用于卫生间，以此提升自来水在家庭生活中的利用率。在生活污水集中化处理方面，可对一些大型居民区的生活用水进行集中化收集，并建立中小型中水处理厂，将处理后的污水应用于小区景观、道路喷洒及洗车中。

4）海绵城市建设理念

海绵城市是指通过加强城市规划建设管理，充分发挥建筑、道路、绿地、水系等生态系统对雨水吸纳、滞蓄和缓释作用有效控制雨水径流而实现自然积存、自然渗透、自然净化的城市。

海绵城市理念在城市水资源循环利用中的应用有如下方式。

（1）花园式绿地。将花园式绿地建造成雨中花园的形式，打造成凹陷状，降雨后可以起到聚集与净化雨水的作用。另外可用花园式绿地＋景观水建设的设计，采用斜体路面的衔接方式，保证净化后的水可以注入到景观池中，在循环利用水资源的同时可增强居民的视觉享受。

（2）生态停车场。停车场沥青路面可采用透水性强的透水混凝土加以铺设，以便快速渗水和缓解混凝土的散热，降低气温。

（3）渗透式路面。对于人行道、中心路面及广场等集中区域采用渗透式路面建设，并对地下水管网进行合理设计，保证路面积水快速流入地下管网，避免对地面干燥产生影响。

5）污水循环利用技术

城市污水循环利用是一项系统工程，污水循环利用的目的不同，水质标准和污水处理工艺也不同。通常，污水循环利用技术需要物理、化学或生物多种工艺的组合，单一的某种水处理方法难以达到循环利用水质标准。目前，我国城市污水处理应用的工艺有混凝、过滤、沉淀等常规工艺及微絮凝过滤、生物接触氧化过滤、生物活性炭过滤、膜生物反应器等新工艺。此外，还有混凝澄清过滤、超滤膜、反渗透、臭氧氧化等工艺。

（1）污水回用传统技术。传统的污水处理技术由二级生化处理加三级处理组成。三级处理又称污水深度处理或高级处理，进一步处理二级未能去除的污染物质，包括极细微的悬浮物、磷、氮和难以生物降解的有机物、病原体等。污水三级处理的典型工艺有混凝、沉淀、过滤、吸附、离子交换、消毒等。

（2）化学混凝沉淀法是指在废水中投放一定量的混凝剂，使废水中的胶体颗粒与混凝剂发生吸附架桥等作用后通过重力沉淀而分离。近年来，国内外对新型高效絮凝剂进行了大量的研究，开发出高分子絮凝剂及集絮凝、吸附和氧化功能于一体的化学药剂。

（3）过滤技术可利用对污水的过滤，去除水中呈分散状态的无机或有机的杂质，包括各种浮游生物、细菌、乳化油等。为了适应废水过滤的特殊性质，研制了不同的新型滤料和新型滤池。新型滤料有陶粒、炉渣、纤维球等，它们的孔隙都较大，可增大滤池的含污量，延长工作周期。新型滤池有升流式滤池、双向流滤池、辐流式滤池等。

（4）活性炭吸附在三级处理中应用较多，其主要作用是去除难降解的有机物并降低水的色度。但采用活性炭的费用较高且需再生，在有其他工艺可替代时不采用。离子交换通常用于废水软化和除盐。

综上所述，传统的二级处理加上三级处理可去除污水中不同的污染物，满足循环利用的要求。但是，这种三级处理工艺复杂、构筑物多，增加了基建费用和运行费用。

基于传统的三级处理工艺的缺点，通过改进二级处理工艺可提高其处理能力，减轻三级处理的任务。采用氧化沟工艺、A/O（厌氧—好氧）工艺、AA/O（厌氧—缺氧—好氧）工艺代替传统的二级生物处理，可在处理有机物的同时达到脱氮除磷的目的，生物处理出水的COD和悬浮物质含量较低，后处理仅需过滤、消毒就能满足循环利用的要求。

应用生物处理与物理化学处理相结合的工艺代替原有的三级处理工艺可提高出水的水质。例如，采用以陶粒或活性炭为填料的生物接触氧化法，既有一定吸附能力，又可通过截留过滤作用去除污染物，并在载体表面生长生物膜，分解去除污水中残留的有机物。此项技术已在我国推广应用。

膜分离技术在污水深度处理中的应用日益广泛。膜过滤可去除沉淀不能去除的细菌、病毒及溶解的盐类等。常用的膜技术有反渗透、纳滤、超滤等。超滤主要用于去除大分子物质，对二级出水的COD和BOD（生化需氧量）去除率大于50%。反渗透已被用于降低矿化度和去除总溶解固体，反渗透对二级出水的脱盐率达90%以上，COD和BOD去除率可达85%，细菌去除率90%以上，水的回收率75%左右。纳滤介于反渗透和超滤之间，综合了二者的优点使之阻碍大分子通过，不需要较高的压力，产水量较大，还可直接除去病毒、细菌和寄生虫，同时大幅度降低溶解有机物。纳滤可除去二级出水中2/3的盐度、超过90%的溶解碳。

膜工艺操作简便。膜组件的透水通量、总流量、出水率及原水的水质等对总费用有很大的影响。混凝作为膜工艺的预处理，选择适当的混凝剂投药量及适当孔径的膜组件，不仅能够提高出水的水质，而且还能在一定程度上缓解水通量的下降而延长膜组件的寿命，降低膜工艺的生产成本。膜技术也有一定的缺陷，在压力下不可避免地会被栓塞、污染，但必须定期检查、疏塞、清洁，后期运营成本相对较高，且容易造成二次污染。

4. 园区水资源循环利用

水循环系统的构建主要考虑减少新鲜水用量、减少废水产生量、加强已用水的回收再利用和有效的废水处理等。通过对区域内的生活污水和工业废水的回收再利用、再循环的过程来降低园区新鲜水用量和需处理、外排的废水总量。

建立综合利用水资源的网络结构，可遵循水资源利用的梯级关系作为构建水循环产业链的依据。一方面按照生产过程中各工艺对水质的不同要求实行多层次分级重复利用，从而提高工业用水的循环利用率、逐级用水，实现一水多用。另一方面，按照污水中各污染物的含量、中水用途及要求水质，采用不同的处理单元，建立适当的中水系统，回用的用户包括工业企业和园区杂用水等。再生水是对废水进行更深度的处理，处理后的废水可用于对水质要求较高的行业企业等，进一步提高水的重复利用率。

如图 3-3 所示，水资源循环利用模式在工业企业厂区或工业集中区，提高了水资源的利用率。

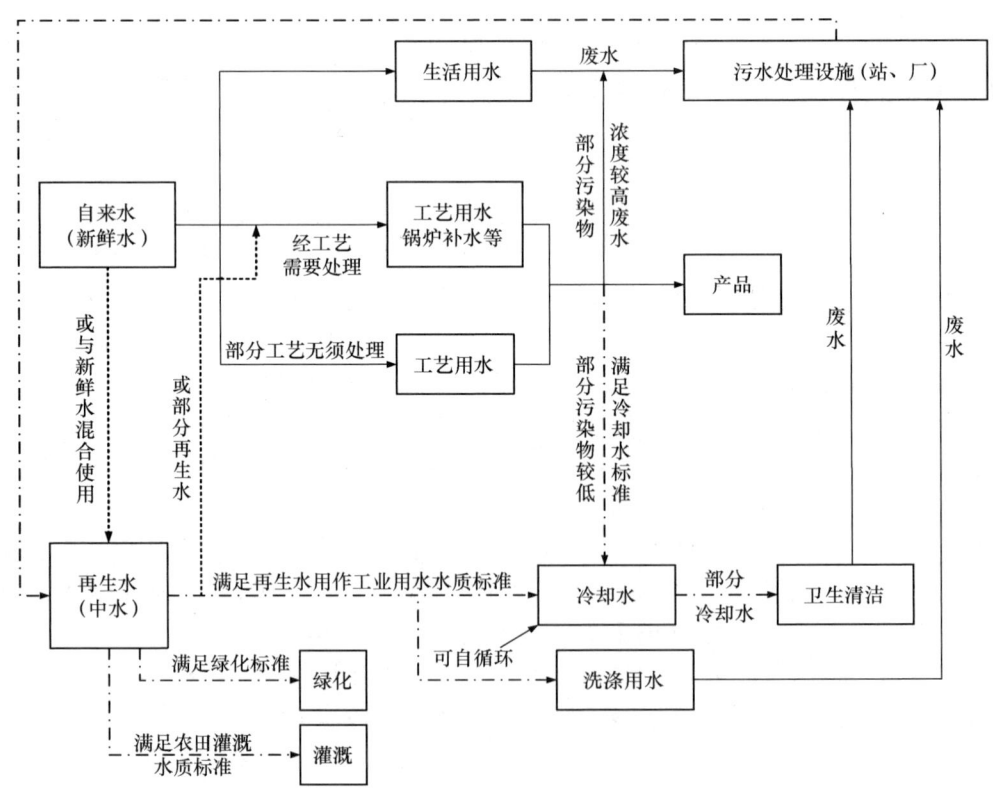

图 3-3 工业企业厂区水资源循环利用模式

为了更好地实现产业园区水资源的循环利用，其系统构建应遵循如下原则：

（1）统筹规划，推动产业结构生态重组。针对工业发展和工业系统的特征，优化产业链，按照"减量化、再利用、资源化"的原则，积极推动产业结构生态重组，结合污水处理和再生水回用相关标准和园区实际需求，做好顶层设计，大力提高工业系统水资源生产效率。

（2）统筹协调，提升技术，节约用水。加强用水定额管理，合理配置水资源 生活、生产和其他杂用水统筹协调，优先满足生活用水。提高清洁生产水平，加强工艺过程节水。鼓励园区内企业采用先进的技术和工艺，实现工业耗水的减量化。

（3）强化非传统水源利用，减少水资源消耗。形成一套适合本区发展的水质处理标准，分质供水，优水优用。通过再生水、冷凝水、雨水等管网设施，加强对雨水、再生水的收集与利用。充分利用再生水资源，使各种水资源在园区内部得到充分有效的循环利用，减少外部水资源的消耗量，有效控制园区内污染物的外排量，维持园区开发建设前的生态环境状态。

（4）完善雨污、污污收集处理设施，加强指导和监督。完善的雨污、污污收集处理设施是产业园区水资源循环利用的基础。应保证生活污水、生产废水及地表径流全部得到收集、处理，排水应符合国家、地方和行业排放的相关要求。加强对产业园区水循环利用的指导和监督，进一步保障高效用水和安全用水。

5. 园区水资源循环体系

2021年1月，国家发展改革委等十部门发布《关于推进污水资源化利用的指导意见》，积极推动工业废水资源化利用，推进企业内部工业用水循环利用和园区内企业间用水系统集成优化，完善工业企业、园区污水处理设施建设，标志着污水资源化利用、再生水利用上升为国家行动计划，污水处理进入资源化利用新阶段。

通过产业园区厂域和区域两个层次的再生水供水系统建设，将再生水划分为优质、一般、低质三类按需供应，形成"两级三类"再生水回用网络，可实现园区排放污染物的减量化和水环境的总体提升，缓解园区缺水状况，达到整个区域水生态系统的完善和重建。

1）水系连通

根据园区现有水系条件，提出合理的水系连通方案，使园区景观水体连通循环，提升区域内的水质、水体景观功能和生态功能。首先要确定连通方案，结合园区特点确定工程实施的若干重点区域，分区域施工。为方便园区人工河道实现水流循环，采用人工河湖串联，形成若干环形河道。方案确定后，各工程根据需要设定工程长度、土方量、清淤量等具体参数。其次将充分研究园区实际和分区域特点，综合各种因素统筹考虑面对的困难，并提出相应的预案和解决方案，比如雨污、输配水、电力、燃气等多类管道的排列和交错情况，河道周围基础设施状况，河道现状复杂程度，河道断口以及周边建筑等。最后通过工程实施采用河道开挖、敷设管涵、设置闸阀等形式，进一步完善人工湿地建设，形成一条有效的环河水系通道，使湖水与环河水系的调蓄更具灵活性。此外，人工湿地还兼具雨季和旱季的水量调蓄功能，缓解城市雨水外排和缺水压力。

2）水系净化

通过对再生水厂出水、污水处理厂尾水、雨水等进行深度净化提升，保证景观生态用水水质并缓解缺水地区生态用水紧张。

污水处理厂达标的出水通过湿地特有的处理系统进行净化处理，可作为景观河道生态用水和普通绿地绿化用水，并使雨水径流等得到有效的净化处理，达到进一步开发利用淡水资源的目的。结合水系连通与循环方案，根据所属区域的用水需求，建设不同形式的人工湿地，创造出新的动植物栖息地，并打造出多功能的立体式生态廊道。

（1）人工湿地的分类

人工湿地按废水在湿地床中的不同流动方式分为潜流湿地、地表湿地和垂直流湿地。潜流湿地可充分利用填料表面生长的生物膜、丰富的植物根系及表层土和填料截留等作用，提高处理污水的能力。由于水流在地表下流动，保温性好，处理效果受气候影响较小，且卫生条件较好。对于景观型人工湿地大多采用地表湿地，结合景观需要与生态目标，有针对性地选择湿地及湿地周围的植被。在设计上综合考虑功能与自然表现形式的结合，将人工湿地建成集环河水质处理与观光、休闲和娱乐为一体的旅游休闲场所。

污水处理厂尾水深度净化湿地的形式可采用潜流型湿地，分布于狭长范围内。污水处理厂尾水深度净化湿地采用多个地块并联的方式进行设计，每个地块分布若干按功能划分的设计单元。湿地的布局考虑地块形状与河道位置，以实现均匀布水、节约能源、优化处理效率及外部景观与周围环境和谐的目的。

此外，还可采用潜流与表面流结合的形式。潜流区为主要的水质处理区，表面流段则重点实现景观效果。景观湖湿地还可通过合理分区与布局实现其他特殊功能（如观赏性或研究性植物园）。

（2）人工湿地的植被

水生植物可通过直接吸收作用、生境改善作用和生物载体作用等方式直接或间接降低水体中的氮、磷营养元素、重金属、有机污染物的浓度，并在维持湿地环境与生态平衡方面发挥重要作用。具体表现为：显著增加微生物的附着，通过光合作用为净化作用提供能量，提供良好的过滤条件、防止湿地被淤泥阻塞，为微生物提供良好的根区环境。

（3）生态功能

湿地有净化水质、减少环境污染的作用。当水体进入景观湖时，因水生植物的阻挡作用，缓慢的水体有利于沉积物的沉积，从而有助于将污染物储存、转化。同时，湖泊还能维持生物多样性，在调节气候、控制土壤侵蚀、调蓄洪水、促淤造陆、降解污染物、美化环境等方面发挥着重要作用。另外，通过湿地的运行，还可实现河道与景观湖水体的循环。

3）水系循环与调蓄

水系循环与调蓄是园区自然水体存蓄利用综合解决方案，并使污水处理厂尾水深度净化湿地在水系水量调蓄和水体循环中发挥重要作用。①再生水可以参与河道水的新陈代谢。②通过确定合理的集水方式及合理利用泵站，亦可促进整合水系的循环流动，也可以提高城市的防洪标准，降低雨水的外排量，减少对区域外排涝设施的压力。③提高雨水的利用率，使之成为该区域的新水源。

总体来看，水资源的再生利用、污水资源化的技术已经较为成熟并在不断发展进步中，再生水回用于工业、市政及生态用水等方面是完全可行的。首先，水资源循环利用会产生较大的社会、经济效益，在一定程度上可减少对新鲜水资源的需求，而且间接增加了可利用的水资源量。其次，水资源的循环及重复利用还具有巨大的环境效益，可减少废水排放，防止环境污染，在有效缓解用水紧张的同时能改善水环境。

3.1.4 水资源循环利用案例

某火电厂现有4台机组，总装机容量1200MW，机组型式均为凝汽式。全厂生产用水水源为河水，生活用水水源为深井水。生活排污水进入雨水泵房，部分排至冲灰泵房，部分排入河流。循环水系统为闭式循环冷却方式，冷却塔均装有收水器，循环水系统污水部分进入除灰水装置，部分排至河流。化学酸碱废水处理合格后排入冲灰沟，除灰灰浆经除灰管道排至厂外的粗细灰分除灰站，经振动筛将粗渣分除并在沉淀池沉淀，沉淀池上部的溢流水汇集到回收水池，经回收水管引至厂区除灰水装置重复利用，沉淀池下部的浓灰浆经除灰管输送至灰场。

电厂河水年取水量约3000万t，循环水浓缩倍率年平均在2.5，水质属强结垢型，浓缩后极易发生结垢和腐蚀现象。

根据电厂的水平衡测试结果，机组全部运行时的不可回收用水损失包括：水塔蒸发损失1650t/h，风吹损失175t/h，锅炉补水（汽水损失）量110t/h左右（锅炉补水约120t/h，其中，由化学气、水回收系统回收约10t/h）。项目总计用水量为1935t/h。

1. 存在的主要问题

（1）夏季温度较高，且换热器冷却水、循环水水质较差，造成冷却器结垢严重。

（2）未对炉侧工业水进行回收（约100t/h）。

（3）雨水泵房生活污水未全部回收利用，约140t/h生活污水未经回收直接排入河流，生活污水回收方式不经济。

（4）灰浆量约1100t/h，灰水比较高，耗水量大；循环水排污不畅，部分排污水被迫外排至河道（约120t/h）。

（5）循环水浓缩倍率2.5时对应的循环水排污量约1000t/h，造成大量循环水因排污而损失。

2. 改造方案

（1）改造换热器。更换为新型不锈钢换热器可降低换热器水温5~8℃，实现节水约25t/h，经过换热器的水可直接用于除灰系统。

（2）回收全部生活污水（约300t/h）。增加沉淀、过滤、生化处理工艺设施，将生活污水处理达到二级排放标准后全部回收。水处理的预处理系统前增加原水补充量，减少河水取用量。同时，因回收部分生活污水而造成的冲灰泵房用水可由循环水的排污水来替代。

（3）回收炉侧工业水。部分水质较好的冷却水可不经过水质处理而直接回收到循环水系统，或回至生水系统经原水预处理进入化学水处理单元进行回收净化处理，可实现节水约100t/h。

3. 技术要求

水灰比由10∶1降低到4∶1（节水约622t/h）；循环水浓缩倍率由2.5提高到4.0

(节水550t/h)。

4. 节水分析和经济测算

改造前后各系统用水指标变化见表3-1。根据节水分析和经济测算，实施项目改造后，该厂取水量可减少935t/h，年可实现节水超过510万t（按年运行5500h计算），实现节水直接经济效益816万元（按工业用水4.60元/t计算）

表3-1　改造前后各系统用水指标变化　　　　　　　　（t/h）

项目	循环水排污量	循环水外排量	生活污水外排	换热器用水量	炉侧工业水外排	节水量
改造前	925	120	140	85	100	—
改造后	375	0	0	60	0	—
节水量	550	120	140	25	100	935

实施水资源循环利用和节水改造节约了新鲜水的取水量，保证了其他社会行业和人民生产生活的用水，为我国社会更好更快、协调可持续发展做出了贡献。同时，减少了废水外排，降低了对社会公众的危害，尽到了发电企业的社会责任，既保障了可靠用电，又提高了发电企业在民众中的威信和声誉。

3.2　化石能源

3.2.1　化石能源的现状

能源是可以直接或经转换提供人类所需的光、热、动力等任一形式能量的载体资源。能源作为人类赖以生存的重要物质基础，对促进社会发展有着非常重要的作用，作为化石能源的煤、石油、天然气是当今世界能源的三大支柱，为全球能源的基础。据《世界能源统计年鉴2022》统计，2021年一次能源消费增长了31EJ（$1EJ=1\times10^{18}J$），相比2019年增加了8EJ，其中我国一次能源消费增加了10EJ，说明世界能源消费对于一次能源的依赖程度依然相对较高。

化石能源在使用的同时也向大气中排入大量的温室气体，目前全球极端气候事件频发，对人类造成深远影响。通过碳减排共同应对全球性自然灾害和极端天气频发等环境问题并实现碳中和，已成全球共识。2020年9月22日，在第七十五届联合国大会一般性辩论上，中国明确了在2030年前实现"碳达峰"、2060年前实现"碳中和"的目标。截至2022年6月，全球已有129个国家提出了温室气体零排放或碳中和目标，覆盖了全球88%的温室气体排放量、90%的经济体量和85%的人口。全球人类活动二氧化碳排放中，87%来自与能源利用相关的活动，其中化石能源利用产生的碳排放量最高。而化石能源的使用同时也给生态环境造成巨大损失，严重威胁到可持续发展。面对"双碳"目标和环境污染问题，化石能源的开发利用对社会发展、经济发展将进一步产生深远的影响。

1. 煤炭资源的储量和分布

2020年世界煤炭储量为10740亿t，储量最多的国家分别为美国（23%）、俄罗斯

（15%）、澳大利亚（14%）和中国（13%）。大部分储量为无烟煤和烟煤（70%）。不同地区的煤炭储量占比见表3-2。

表3-2 不同地区煤炭储量占比

地区	亚太	北美	独联体国家	欧洲	非洲	中东	南美洲
储量百分比（%）	42.8	23.9	17.8	12.8	7.2	1.5	1.3

在我国已探明的化石能源储量中，煤炭约占94%，石油和天然气约占6%。因此"富煤贫油少气"是我国化石资源的主要特点。煤炭储量约为1431.97亿t，具有分布区域广、埋藏深度、成煤原因和成煤时间差异较大等特点。我国煤炭按照变质程度（即煤化程度）从低到高，依次分为褐煤、烟煤和无烟煤，在实际应用中又根据挥发分和粘结指数等分为长焰煤、不粘煤、气煤等14类。我国北方的大兴安岭—太行山、贺兰山之间的地区是我国煤炭资源集中分布的地区，约占全国煤炭资源量的50%，在南方，煤炭资源主要集中在贵州、云南、四川三省，约占南方煤炭总量的91.47%。

在我国能源消费中，化石能源依然占主导地位。2020年，化石能源消费占比接近85%。尽管这一指标与全球的整体水平相当，但与全球不同的是，我国的能源结构极不协调，具体表现为煤炭在能源消费总量中的比重过高，2020年占比为56.8%，而煤炭消耗导致二氧化碳排放总量已经超过75亿t，占化石能源碳排放总量的80%。受经济发展水平、能源消费能力和资源丰裕程度的影响，我国煤炭产地长期以来由于需求量不足，煤炭就近就地转化率低，主要以商品煤形式向外输出。而在煤炭主要消费区域，由于煤炭供应能力不足需要跨地区外购商品煤。大量煤炭及其初级制品从北向南、由西到东长距离运输，导致煤炭行业物流成本高、运输途中损耗大、资源集约利用率低。

2. 石油资源的储量和分布

至2020年年底，全球已探明石油储量为17320.4亿桶，相比2019年减少20亿桶。欧佩克拥有全球石油70.2%的储量，储量最大的国家是委内瑞拉（占全球储量的17.5%），紧随其后是沙特阿拉伯（17.2%）和加拿大（9.7%），中国石油储量约26亿桶，约占世界石油储量的1.5%。不同地区的石油储量占比见表3-3。

表3-3 不同地区石油储量占比

地区	中东	南美洲	北美	独联体国家	非洲	亚太	欧洲
储量百分比（%）	48.3	18.7	14	8.4	7.2	2.6	0.8

2014年，我国成为全球第二大石油消费国，在同年第一季度成为全球最大的能源进口国。此后，我国石油进口量持续增长。据国家发展改革委和海关总署的数据，2021年我国原油进口总量5.13亿t，对外依存度达72.05%。2020年，我国是仅次于美国、沙特阿拉伯、俄罗斯、加拿大和伊拉克的第六大石油生产国，石油产量占全球的4.4%，消费量占世界16.4%、进口量占全球的26.4%。随着我国城镇化和工业化的推进以及人民生活质量的不断提高，在能源技术没有发生突破性变革的前提下，对于石油的需要将继续扩大。由于资源的局限性，石油产量在近年来出现稳中微降的态势。因此，我国石油对外的依存度在短期内将持续走高。

3. 天然气资源的储量和分布

2020年全球已探明天然气储量为188.1万亿 m³，比2019年减少2.2万亿 m³。天然气储量最大的国家分别为俄罗斯（37Tcm）、伊朗（32Tcm）和卡塔尔（25Tcm）。不同地区的天然气储量占比见表3-4。

表3-4 不同地区天然气储量占比

地区	中东	独联体国家	亚太	北美	非洲	南美洲	欧洲
储量百分比（%）	40.3	30.1	8.8	8.1	6.9	4.2	1.7

2021年美国天然气产量位居全球第一，占比达23.1%，俄罗斯、伊朗、中国、卡塔尔和加拿大紧随其后，分别占比17.4%、6.4%、5.2%、4.4%和4.3%。亚太地区是全球天然气进口量最大的地区，2021年的进口量占比达42.1%；其次是欧洲，进口量占比33.4%；最后是北美洲，进口量占比为15.9%；其他地区的进口量占比均不足5%。

我国天然气气田丰富，主要集中在中西部，包括渤海湾、松辽平原及准噶尔盆地等在内的10大盆地。其中，新疆塔里木盆地和四川盆地资源最为丰富，占总储气量的40%以上。目前，安岳气田是我国西南地区最大的气田之一，储量规模大、含气面积大、气井产量高，投产气井日产可达60万 m³。我国气田包括页岩气田、超深超高压裂缝性致密砂岩气藏等多种类型。

供给方面，我国天然气产量保持上行态势，2021年产量达2075.8亿 m³，同比增长7.8%，2012—2021年期间年均复合增速为7.3%。从我国天然气供应结构来看，2021年国产气占比55.07%，天然气进口包括进口液化天然气（LNG）和进口管道气（PNG），进口LNG和PNG分别占比29.21%和15.72%。近年来，我国天然气进口数量逐年攀升，2021年12136万t，同比增长19.4%；进口额558.1亿美元，同比增长66.8%。

2021年，我国城市燃气用气量占天然气消费总量的38%，其次是工业用气，消费占比36%；发电用气和化工用气领域的消费分别占比18%、8%。

随着我国环境治理力度的加大，在"降煤增气"的主基调下，资源总量不足，对外依存度大。主要体现在自产资源还较为有限，现有资源远不能满足发展需要，而增量资源主要依赖采购现货LNG，抗风险能力弱。

3.2.2 化石能源的清洁利用

据《2021年国民经济和社会发展统计公报》统计，我国2021年全年能源消费总量52.4亿t标准煤，比2020年增长5.2%。煤炭、原油、天然气和电力的消费量分别增长4.6%、4.1%、12.5%和10.3%。清洁能源消费快速发展，天然气、水电、核电、风电、太阳能发电等清洁能源消费比重达到25.5%，比上年提高1.2%。新能源消费在稳速增长，但在短时间内仍无法取代化石能源的主导地位。2016年，国家发展改革委发布了《能源生产和消费革命战略（2016—2030）》，明确提到要充分认识到能源革命的紧迫性和构建清洁低碳的能源消费体系，以低碳、绿色为目标，积极推动能源革命，大幅度提高可再生能源的消费，降低煤炭在能源结构中的比重，力争将来经济增长需要的能源增量主要来自清洁能源。因此，加快化石行业的升级转型和技术提升，大力发展清洁利用技术和低碳经济，对于我国经济社会发展具有重要意义。

目前，较为成熟的煤炭清洁高效利用方式有煤炭发电、煤制油品、煤制天然气。煤转化为电能是最安全、经济、环保的利用方式。推动能源消费革命，促进能源发展方式转变，应坚持以煤炭为基础、以电力为中心，大力推动煤炭清洁高效转化利用战略和电能替代战略。清洁煤技术主要包括燃烧前、燃烧中和燃烧后的煤炭清洁利用技术，也包括目前尚未大规模推广的二氧化碳补集储存和利用技术。据中国电力企业联合会最新数据显示，截至2022年4月，中国煤电装机占比已下降至46%左右，但仍提供近60%的发电量，在"双碳"目标下，探索低碳高效的煤炭清洁利用技术至关重要。

1. 高效燃烧技术

（1）超临界循环流化床技术

循环流化床（Circulating Fluidized Bed）（CFB）燃烧技术是劣质煤炭清洁燃烧的最佳技术之一，适用的燃料范围广泛，包括低热值无烟煤、烟煤、煤矸石、生物质垃圾等，具有煤种适应性强、资源综合利用率高等优点。近年来，为实现循环流化床大型化、高效率、低排放运行，高参数的超临界循环流化床技术（图3-4）逐渐发展。

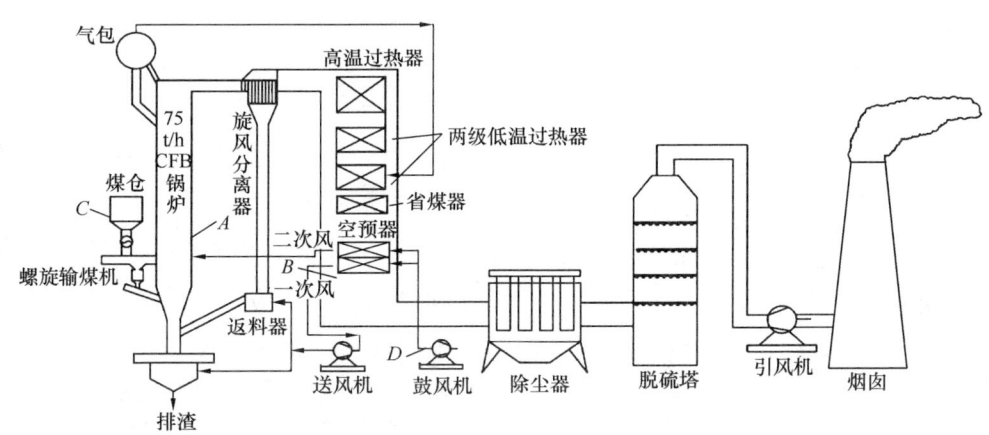

图3-4 超临界循环流化床

超临界循环流化床技术能够使燃料快速流体化，锅炉炉膛中热流密度在炉膛底部最高，并沿炉膛高度逐渐降低，相较于超临界燃煤锅炉更有利于水冷壁结构的冷却，有利于保持炉膛热负荷分布均匀和壁温稳定。同时超临界循环流化床锅炉燃烧温度较低，烟气侧产生的结灰情况较少，有利于保持受热面洁净，具有换热效率高、污染物排放量低等优点。

（2）整体煤气化联合循环技术

整体煤气化联合循环技术（IGCC）（图3-5）是现阶段发展迅速且较为成熟的煤炭清洁高效发电技术之一，由煤气化部分和燃气-蒸汽联合循环部分构成，具有清洁高效、能源梯级利用的特点。其中煤气化部分主要包括气化炉、空气分离器和煤气净化装置，占系统能耗比重较高；燃气蒸汽联合循环装置包括燃气轮机发电系统、蒸汽轮机发电系统以及余热利用装置，可实现能量的梯级利用，具有较高的发电效率。目前IGCC发电的净效率可达 43%～45%，污染物排放量与传统燃煤电站相比大大降低，脱硫率可达 99% 以上，CO_2 的捕捉成本相对较低，是最具有大型工业化发展潜力的清洁煤炭利用发电技术。

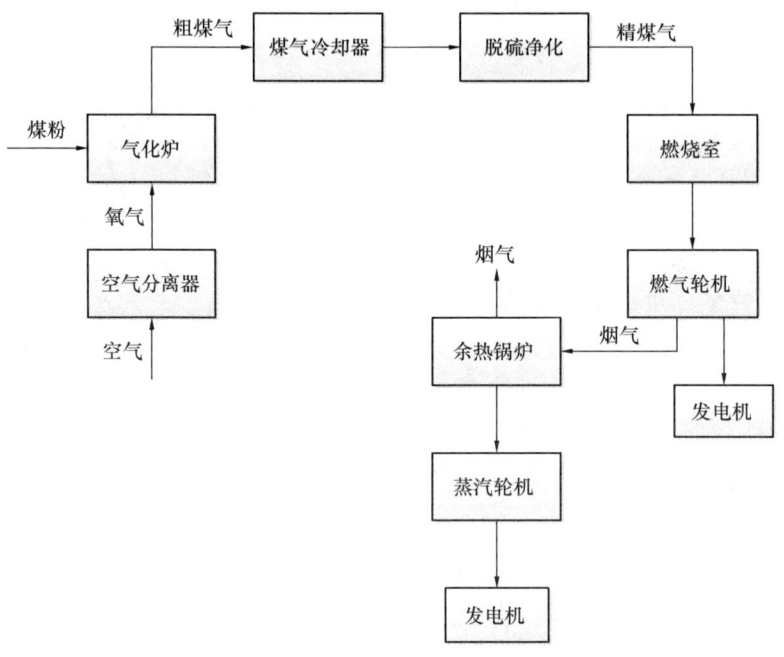

图 3-5　IGCC 系统流程

(3) 超临界燃煤发电技术

超临界水煤氧化热力发电系统（图 3-6）由超临界水煤氧化反应釜取代燃煤锅炉，通过煤粉燃烧释放热能加热锅炉水产生高温蒸汽的方式，转变成煤粉在超临界水中与氧化剂快速氧化直接生成高温 H_2O 和 CO_2 混合气体，避免燃烧热量通过壁面传热的转化过程而降低热量损失。该超临界水氧化煤粉新型发电系统以空气为氧化剂，在 600℃、20MPa 条件下发生水煤氧化反应，H_2O、N_2 和 CO_2 的混合工质进入透平发电，系统的

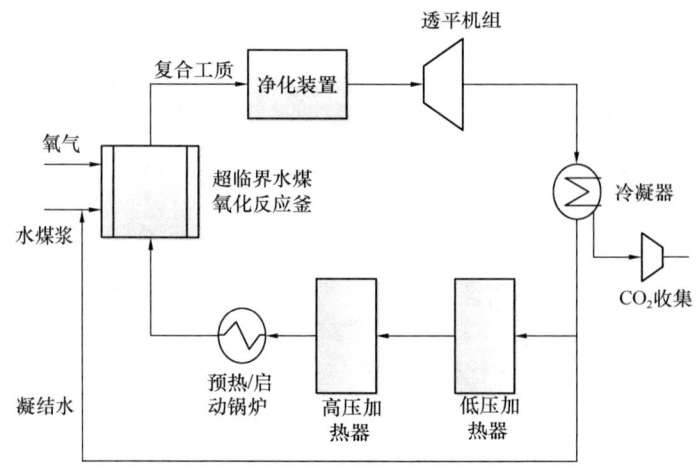

图 3-6　超临界水煤氧化热力发电系统

净效率为 60.8%。此外，超临界水煤氧化热力发电系统中碳元素会完全氧化为 CO_2，经过汽轮机做功后，可作为不凝结气体被直接收集，低碳环保。与胺基化学吸收法等常规碳捕捉和收集技术相比，超临界水煤氧化热力发电系统无须复杂的化学反应或特殊的碳捕捉设备，可以大幅降低分离固定 CO_2 的成本，符合"双碳"目标要求。

2. 转化技术

1) 煤液化

煤液化技术分为直接液化和间接液化。

(1) 直接液化

直接液化是指煤在氢气和催化剂作用下通过加氢裂化转变为液体燃料的过程，可分为供氢溶剂法、氢煤法、联合加压法和日本的 NEDOL 法。

① 供氢溶剂法。该法是指煤浆与供氢溶剂和氢混合后，溶剂在催化器对其中的氢原子进行拾取并在液化反应器将拾取的氢原子释放的方法。在这一过程中，煤炭被分解并液化。

② 氢煤法。该法是美国碳氢化合物公司 20 世纪 60 年代研发的一种在当时比较先进的煤加氢液化工艺，其技术基础是对重油进行催化加氢裂解，已在很多国家得到应用。

③ 联合加压法。该技术以渣油为煤炭直接液化的溶剂，将煤炭与渣油置于高温、高压下，通过催化剂的作用将煤炭和渣油进行加工后液化成为液体燃料。作为溶剂使用的渣油通过加工变为可使用的轻质油。这一技术不仅将煤炭转化为可使用的液体原料，且可将无法有效利用的渣油转变为可用的液体燃料而大幅提升资源的利用效率。

④ NEDOL 法。该技术由日本新能源产业技术综合开发机构（NEDO）研发，能使用的煤炭种类非常广泛，包括无烟煤、次烟煤乃至质量较差的烟煤。所用的催化剂是天然的硫铁矿，也可为人工合成的硫化铁（Fe_2S_3），催化剂的使用量约为 4%，反应压力为 19MPa，反应温度约为 460℃。与其他工艺技术相比，该工艺技术最主要的特点之一就是生产过程中的化学反应比较充分，能有效地提升原材料与催化剂的利用效率。

(2) 间接液化

间接液化是以煤为原料，先气化制成合成气，通过催化剂的作用将合成气转化成烃类燃料、醇类燃料和化学品的过程。间接液化分为费托合成法、中间馏分油（SMDS）法、MTG（甲醇转为汽油）合成法等。

① 费托合成法。其原理就是在生产过程中使用一氧化碳（CO）和氢气（H_2），经过催化剂的催化作用生成饱和烃和不饱和烃。该工艺使用不同类型的催化剂并对反应条件进行改变，也能生产出醇、醛、酸、酯等不同种类的化合物。催化剂、原料、反应器类型、反应温度、压力、空速和操作时间等因素都会影响产品的种类和质量。

② SMDS 技术。该工艺技术使用的主要原料之一是合成气，需对合成气进行加氢、异构化和加氢裂化而生产出中质馏分。在 SMDS 工艺技术模式下，工艺流程分为两个阶段：第一阶段为一氧化碳加氢合成高分子石蜡烃，第二阶段为石蜡烃通过加氢裂化形成燃料油，最终产品为各种类型的燃料油。

③ MTG 合成法。该工艺反应器有绝热固定床和流化床两种。与固定床相比，流化床能在高温下快速释放反应热，催化剂与原料间能实现更好地混合。而且，在流化床反

应器中,催化剂的活性能得到大幅提升。因此,流化床是当前MTG合成技术中应用最为广泛的反应器。

2)煤气化技术

煤气化是以进入气化炉的煤为气化原料,以空气、氧气、二氧化碳或水蒸气为气化剂,在气化炉内一定的温度、压力等条件下进行反应,生产以一氧化碳、氢气为主要成分的煤气的工艺过程。煤炭气化时必须具备三个条件,即气化炉、气化剂、供给热量,三者缺一不可。

煤气化技术按煤在气化炉内运动方式的不同分为固定床、流化床和气流床等形式。

(1)固定床气化技术。原料煤自气化炉的顶部加入,依靠自身的重力逐步向下缓慢移动,依次经过干燥层、干馏层、气化层和燃烧层。气化剂自气化炉下部进入并逐渐自下向上流动,与煤层呈逆流接触形式。由于气体和煤层的逆流接触,煤气在流出气化炉前,被原料煤冷却,煤气出口温度为400~500℃。由于煤在热煤气的作用下进行热解反应,生产的煤气中含有较高的甲烷含量,在煤气中夹带着大量的焦油、酚类及氰化物等物质,导致后续煤气净化及水处理系统设备多、工艺复杂。

(2)流化床气化技术。流化床气化炉底部有一气体分布板,反应时气化剂自分布板之下进入上部,上面反应煤层中的粉煤在气化剂的作用下呈悬浮状态,在一定温度、压力下与气化剂反应生成煤气。流化床气化以碎煤为原料(一般小于6mm),煤气中几乎不含焦油、酚和烃类。流化床反应器的混合特性利于传热、传质及粉状原料的使用。在这种高灰床料工况下,为维持稳定的不结渣操作,传统流化床必须控制在较低的操作温度(低于950℃),因而只适用于高活性的褐煤或次烟煤。

(3)气流床气化技术。气流床气化是目前煤气化技术的主流,代表着今后煤气化技术的发展方向,具有很大的应用前景。

气流床的特点为:

① 气、固停留时间在1s以内,气化温度高,煤粉粒径小,反应速度快,气化能力大;操作温度较高,氧耗量较高;大量煤转化为热能,不是化学能,冷煤气效率低;除尘系统庞大,废热回收系统昂贵,备煤系统复杂,耗电量大,对炉衬的耐火材料要求高。

② 煤粉颗粒直径小(小于0.1mm),炉内的气、固停留时间在1s左右,高于固定床和流化床,具有较高的气化速度。

③ 高气化温度(1400~1600℃)和高氧耗,具有较高的碳转化率。

④ 除尘系统庞大,废热回收系统昂贵,备煤系统复杂,耗电量大,对炉衬耐火材料要求高。

3)煤基多联产技术

煤基多联产技术是结合新型煤化工(以气化和液化为核心工艺)的产业特点,将其和发电、供热、化肥、化工、炼油、冶金等传统行业进行优化耦合,在不同行业间形成产业集群和循环经济,有效整合提高资源特别是副产资源的综合利用率。目前,工业化应用最多的是利用新型煤化工生产过程中的余热、余能和副产物进行热-电-冷三联供,社会效益和经济效益显著。未来在现有煤基多联产技术的基础上进一步整合提高未利用物料和能源时,要积极示范推广包括低阶低温热解煤油气电一体化多联产在内的新技术,从深度和广度上对煤基多联产技术持续进行优化创新,通过系统集成优化、资源综合利用等举措提高新型煤化工在新常态下的内生发展能力和竞争能力。

3. 烟气排放处理技术

该技术主要针对生产过程烟气中的氮氧化物、硫氧化物、粉尘颗粒物等污染物的去除。

1) 氮氧化物的去除

(1) 低氮燃烧技术。其主要通过改变燃烧的相关条件达到降低氮氧化物排放的目的。低氮燃烧技术主要有空气分级燃烧技术、低 NO_x 燃烧器技术、烟气再循环技术、燃料分级燃烧技术和循环流化床锅炉燃烧技术五类。上述几种低氮燃烧技术都是通过改变燃料的燃烧条件及方式实现脱硝目的。它们在使用过程中通过改变空气混合方式、降低空气比来达到控制燃烧温度、抑制氮氧化物生成的效果。

(2) 选择性非催化还原。以 SNCR(选择性非催化还原技术)脱硝技术为主,该技术要求在 800~1000℃ 的高温中将氨类化合物或还原剂尿素与烟气中的氮氧化物进行反应生成 N_2,将其中氮元素分离出来,就能相应地减少氮氧化物气体的排放。这种技术在高温环境下促使反应迅速活化,可避免使用催化剂。该技术的优点为系统简单、阻力小、系统占地少和所需投资较低。其缺点是脱硝效率很低,只能达到 40% 左右。

(3) 选择性催化还原。以 SCR(选择性催化还原技术)脱硝技术为代表,其应用催化剂,让烟气中的氮氧化物有选择性地与氨发生反应生成 N_2 和水。催化剂安装在锅炉尾部的反应器中,与 300~400℃ 的烟气发生反应。SCR 脱硝技术的脱硝率可达 90% 甚至更高。因此,这种脱硝方式被我国广泛地应用于火力发电行业。SCR 脱硝技术的缺点是装置占地面积大,投资费用高,维护成本大,催化剂需要进行更换作业等。

2) 硫氧化物的去除

我国燃煤烟气脱硫技术主要以石灰石-石膏湿法、氧化镁法、氨法、半干法、双碱法、海水脱硫等技术为主。其中石灰石-石膏湿法、氨法、半干法、双碱法在工业锅炉脱硫工艺中应用较多。

(1) 湿法脱硫。主要以碳酸钙或氢氧化钙粉末的料浆进行脱硫。能有效去除空气中的二氧化硫。应用石灰石-石膏湿法进行脱硫时效率高,稳定性好,所需成本低。因此,该法是脱硫中应用最广泛一种方法。该法烟气与碱性吸收剂浆液在喷淋塔内发生反应,烟气中的二氧化硫溶解于水中,并与浆液中的碳酸钙或氢氧化钙中和生成亚硫酸钙,强制氧化反应使其成为脱硫副产品石膏。目前,石灰石-石膏湿法脱硫技术的脱硫效率可达 95%~99%,对降低大气污染具有举足轻重的作用。

(2) 氨法脱硫。这是一种湿法脱硫技术。该技术主要采用氨水作为吸收剂,将氨水与烟气中的二氧化硫进行反应达到脱硫效果。这种技术的最大优点是脱硫效率高,可达 95%~99%,且能耗较低,脱硫反应速率快,吸收剂的利用率较高。更为重要的是,此种脱硫技术的副产品可用作农业肥料。氨法脱硫技术是适宜我国具体情况的一种脱硫技术,但对空气净化却不彻底。其在净化 SO_2 气体的同时,可能会产生相应的 NH_3 而造成大气的另一种污染。由于氨法脱硫技术的硫酸铵副产品的销售受农业市场和季节的原因而波动,将导致氨法脱硫法运行成本的波动。

3) 颗粒物的去除

（1）机械式除尘。是依靠机械力（重力、惯性力、离心力等）将尘粒从气流中去除的方法，能有效地减少烟气中的烟尘。该法设备结构简单，占用面积小，自动化程度低，设备费和运行成本较小，但除尘效率不高。适用于含尘浓度高和颗粒粒度较大的气流口等除尘要求不高的场合或用作高效除尘装置的前置预除尘器。

（2）静电除尘。该法是利用静电力（库仑力）将烟气中的粉尘分离出来的除尘方法。其工作原理是利用高压电场使烟气发生电离，气流中的粉尘荷电在气流作用下与气流分离。该法除尘效率高，设备阻力低（100~300Pa），能耗小，维修不复杂。

（3）布袋除尘。该法是利用纤维编织物制作的袋式过滤元件捕集含尘气体中固体颗粒物的除尘方法。其工作原理是尘粒在绕过滤布纤维时因惯性力作用与纤维碰撞而被拦截在布袋里。

通常新滤料的除尘效率不够高。当滤料使用一段时间后，由于筛滤、碰撞、滞留、扩散、静电等效应，滤袋表面积聚了一层粉尘（称为初层），此后初层成了滤料的主要过滤层，依靠初层的作用，网孔较大的滤料也能获得较高的过滤效率。随着粉尘在滤料表面的积聚，除尘效率和阻力相应增加，当滤料两侧的压力差很大时，会把有些已附着在滤料上的细小尘粒挤压过去而使除尘效率下降。当除尘器的阻力过高时，会使除尘系统的风量显著下降。因此，当除尘器的阻力达到一定数值后，应及时清灰。清灰时不能破坏初层，以免效率下降。

该法除尘效率较高，应用较为广泛。

4. 碳捕获、封存与利用技术

碳捕获、封存与利用技术（CCUS）是把生产过程中的二氧化碳提纯之后进行有效地利用而不是简单的封存。和捕获与封存（CCS）技术相比，可以使二氧化碳资源化，并产生更高的经济效益和实现能源的可持续利用。

1）碳捕获

大型化石燃料发电厂的二氧化碳（CO_2）排放量约占化石燃料燃烧排放二氧化碳总量的一半。从发电厂燃烧过程中进行CO_2捕获的途径目前处于研究阶段，如图 3-7 所示。三种燃烧捕获法目前已经取得了部分示范项目和应用，产生了较好的成果。燃烧前捕获过程中，燃料被部分氧化并与蒸汽发生反应形成CO_2与H_2混合气流，其中CO_2体积分数为15%~60%，分离出CO_2后，剩余的H_2可在锅炉或蒸汽机中燃烧。整体煤气化联合循环技术（IGCC）是一种典型的燃烧前捕获CO_2的技术，将洁净的煤气化技术与燃气联合循环发电系统结合起来，是一种非常具有发展前景的洁净发电技术。

2）碳封存

（1）地质封存

地质封存是一种永久有效地封存CO_2气体的方法。通过管道技术将超临界状态下的CO_2注入到含油、含气、含水或者无商业价值煤层的密闭地质构造中，形成长时间或者永久性的封存，这种方式被广泛地认为是CO_2封存的首要选择。

增强原油采出技术（EOR）利用高压将超临界CO_2注入储油层，使CO_2驱动原油流向生产井，提高原油产出率（图3-8）。

（2）废弃矿井及不可采煤层封存

废弃矿井如何再利用已成为一个待解决的重大难题。针对废弃煤矿遗留下的大量空间，利用煤矿采空区构建抽水蓄能电站，为地下资源的利用提供了新的方向，无商业价值或不可采煤层也可用作CO_2长久封存的场地。例如，利用不可采煤层、埋藏超过终采线的深部煤层、构造破坏的煤层和高瓦斯难采煤层等，将CO_2注入煤层中提高煤层气的采收率（ECBM），CO_2在煤层孔隙裂缝中扩散并被煤体所吸附。煤体对CO_2的吸附能力是甲烷吸附能力的两倍左右，因此可以用CO_2来驱替煤层中的甲烷，使甲烷由吸附状态变为游离态，既可实现对煤层气的利用，又可实现对CO_2的封存。

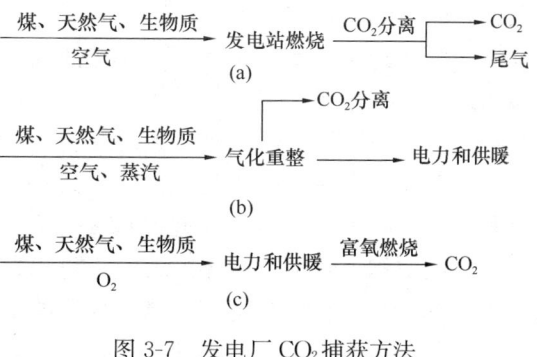

图 3-7　发电厂CO_2捕获方法

我国具有巨大的二氧化碳封存优势，相比于可应用量较少的 EOR（提高采收率）技术，煤层封存不仅可以做到封存量大、封存场所分布广泛、注入便捷、成本较为低廉，还可提高极薄煤层、特殊地质条件下难开采煤层煤层气的回采。

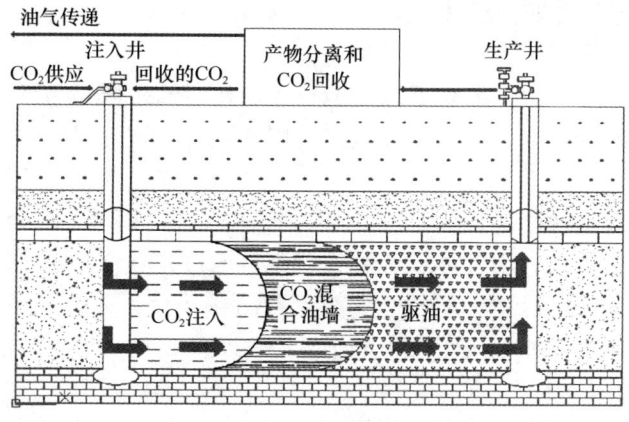

图 3-8　EOR 技术示意图

（3）矿物质碳化封存

矿物质碳化封存是利用金属氧化物与CO_2的反应形成稳定的碳酸盐将CO_2永久的储存起来的一种封存方式。碳化反应能大规模吸收CO_2，是一个可以加速地质风化过程的潜在封存方式，该过程在自然界中比较缓慢，需进行矿物强化处理而耗费大量能量。矿物质封存是利用矿物质碳化过程中与CO_2发生反应。例如：

$$MgO+CO_2 \longrightarrow MgCO_3 + 热量 \tag{3-1}$$

钙或镁的氧化物是进行碳化反应的理想对象，因其产生的碳酸盐（$CaCO_3$、$MgCO_3$）不易溶于水，可作为充填物回填到露天煤矿或用于煤矿的充填开采中。矿物质封存的方式涉及废弃物处理和大规模开矿，工业过程中的碱性废弃物可成为矿物质碳化的原料。例如，城市垃圾焚烧、煤燃烧和水泥生产的灰渣等都是良好的潜在原料。对废料进行二次利用，可使其产生更高的经济价值。

(4) 海洋的碳封存

海洋的碳封存量远超大气，这使海洋成为被捕获的 CO_2 的一个最佳封存地点。绿色植被都是地球碳循环蓄碳池体系的组成部分，现今地球的海水里充满了远古时代的碳，其总量约有 35 万亿 t。理论上讲，海洋储存 CO_2 的潜力是无限的，但 CO_2 溶于海水的过程受 CO_2 分压的影响，海洋吸收大气中的 CO_2 是一个漫长的过程。海洋表层海水在几个月到几年的时间范围内与大气进行 CO_2 的交换，因此，必须选择较深的海域进行封存。海洋封存需要利用管道或者船舶运输，将超临界 CO_2 流体输送到深海中或深海海床上。第一种方式：将超临界 CO_2 流体融入深层海水之中，为确保其稳定封存，封存处气流应呈现下沉状态。第二种方式：如果注入深度超过 3000m（CO_2 在海水具备悬浮力的临界深度），且所处位置为低凹海床的话，CO_2 可以形成一个超临界流体湖用作长期封存。

目前，海洋封存仍存在问题有待解决，大量 CO_2 注入到海水中会导致海水酸化，破坏海洋的生态环境。虽然海洋封存 CO_2 的潜力巨大，但由于海洋系统具有的复杂性及协调性，使海洋封存仍处于试验之中。由于封存较深，现有技术及手段很难对其进行长期有效的监测，无法预知封存的效果。CO_2 对于海洋生物带来的影响尚不清楚，对于大量 CO_2 在深海水中的各种行为尚需做深入研究，而且，海洋封存的 CO_2 最终还会释放到大气中，因此，这种方法并非一劳永逸。

(5) 盐碱含水层封存

盐碱含水层封存具有含水层靠近捕获地点、简化运输手段、节约成本等优点。由于盐碱含水层井渗透的可能性远小于油气藏，采用盐碱含水层封存的潜力远高于油藏或气藏封存潜力。

(6) 陆地生态系统封存

陆地生态系统封存是利用森林、湿地、草原等通过光合作用"捕获"游离在大气中的碳，使植物形成有机化合物。部分产生物会被消耗并重新以 CO_2 的形式返回大气中，另一部分产生物以生物质和土壤碳存量的形式存在更长的时间。

3) 二氧化碳利用

二氧化碳除可用来进行驱油（CO_2-EOR）、驱气（CO_2-ECBM），也可作为一种廉价的防腐保鲜材料，将高浓度二氧化碳气体注入到大型现代粮食仓储中，可以提高粮食的贮藏时间。烟草行业采用二氧化碳进行烟丝膨化代替原来的膨化方式，在提高质量的同时降低烟丝消耗。还可将低温二氧化碳通过竖井注入到干热岩层中吸收热量，抽出携带高温的二氧化碳气体可用来发电或者取暖。二氧化碳也可作为灭火剂，将二氧化碳覆盖在燃着的物体表面，可使物体跟空气隔绝而停止燃烧。二氧化碳还可作为制冷剂，固态二氧化碳就是所说的"干冰"，在高空喷洒干冰可使空气中水蒸气冷凝，形成人工降雨。

3.2.3 煤炭资源的清洁利用案例

1. 国家能源集团煤液化工艺

中国国家能源投资集团有限责任公司（简称国能集团）是全球规模最大的煤炭生产公司、火力发电公司、风力发电公司和煤制油煤化工公司。国家能源集团在充分消化吸收国外现有煤直接液化技术基础上，通过联合国内研究机构成功开发出具有自主知识产权的煤直接液化工艺技术，使我国成为世界上唯一掌握百万吨级煤直接液化技术的国家。

国能集团煤炭直接液化示范工程建设在其下属煤炭生产基地的坑口煤炭转化工厂，煤炭从生产工作面通过皮带输送到洗煤厂进行洗选，洗精煤通过皮带输送到煤液化装置作为煤炭直接液化的原料生产液体运输燃料。原煤通过皮带输送到煤气化装置作为煤气化制氢的原料，洗中煤通过皮带输送到锅炉作为燃料。国能集团年产油品108万t的第一条生产线——煤炭直接液化示范工程流程如图3-9所示。该示范工程的工艺装置由煤制氢、煤液化（含催化剂制备）、产品精制三大部分组成，包括自备热电厂、备煤、催化剂制备、煤液化、加氢稳定（溶剂加氢）、加氢改质、轻烃回收、含硫污水汽提、脱硫、硫黄回收、酚回收、油渣成型、两套煤制氢和两套空分等装置。

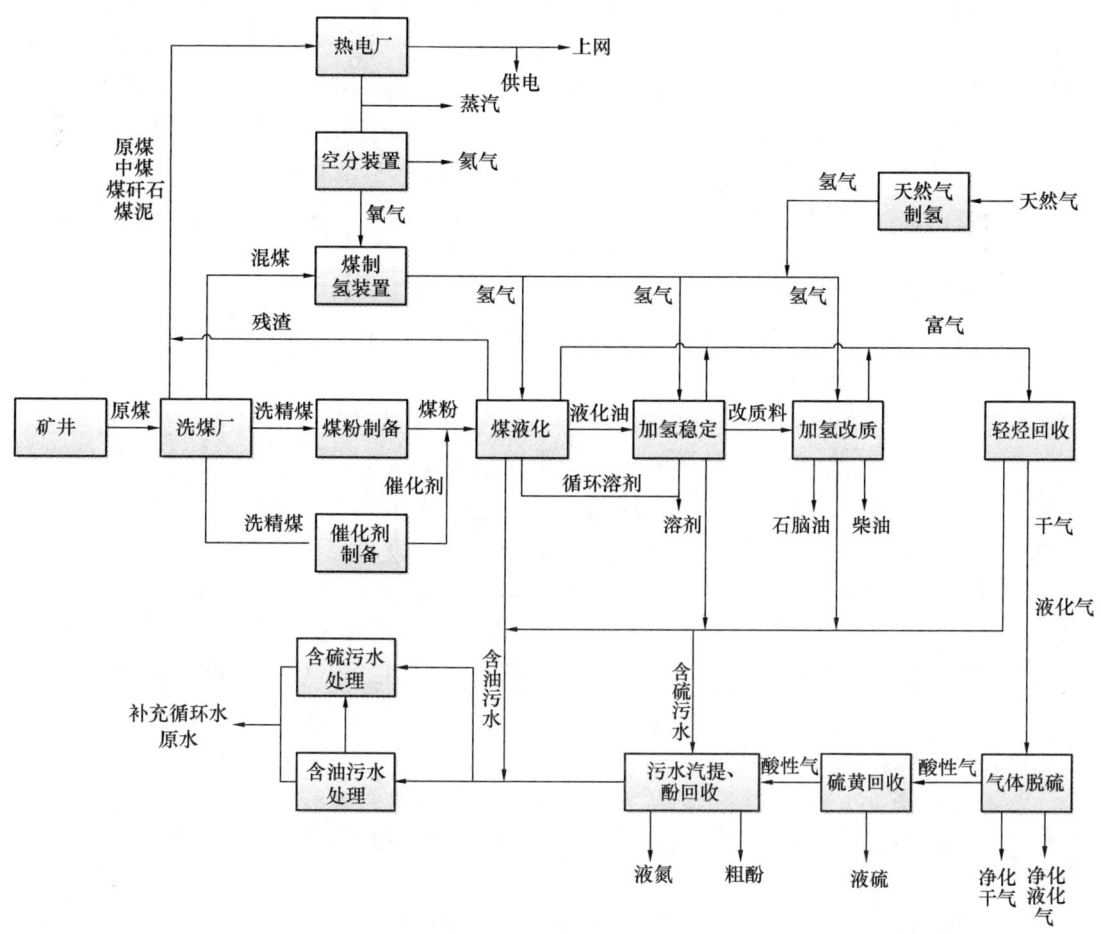

图3-9 国能集团煤炭直接液化示范项目流程示意图

（1）煤制氢

以煤为原料，煤在气化炉中与来自空分装置的氧气发生部分氧化反应，生产粗合成气，粗合成气在变换单元中催化剂的作用下与水蒸气发生CO变换反应，将CO和HO转化为CO_2和H_2，变换反应后的合成气经低温甲醇洗净化单元脱除其中的CO_2和H_2S，净化后的合成气进入变压吸附（PSA）单元生产纯度大于99.5%（体积分数）的氢气。

煤直接液化工厂副产的瓦斯在满足工艺装置燃料需求外尚有的富余量，送干气蒸汽转化装置生产氢气。

（2）煤液化（含催化剂制备）

该部分是示范工程最核心的部分，包括催化剂制备、备煤和煤浆制备、煤炭液化、加氢稳定四个单元。催化剂制备是连续为煤炭液化提供催化剂的单元，利用部分煤液化原料作为载体，在煤炭表面合成超细水合氧化铁（FeOOH），经干燥磨细后的煤粉与溶剂混合制备成油煤浆输送到煤液化单元。备煤和煤浆制备单元将来自洗煤厂的洗精煤通过中速磨磨细，再利用热空气将煤干燥，制备成粒径约 $80\mu m$、水含量小于 4% 的干煤粉，并与溶剂混合制备成油煤浆后输送到煤液化单元。煤液化单元的作用是将煤炭转化为液体产品，含催化剂的油煤浆和氢气经预热后进入反应器，发生催化和热裂化反应，反应产物经气液分离、常压分离和减压分离实现气体、液体和固体的分离，分离出的富氢气体返回反应器循环使用，富含烃的气体送脱硫装置进行精制处理，分离出的液化粗油送加氢稳定装置处理，减压塔底的油灰渣在钢带上冷却成固体作为锅炉燃料或者煤气化原料。加氢稳定单元对煤液化的粗油进行加氢处理，其目的是将煤液化溶剂馏分油加氢成为合格的供氢溶剂，同时将生产的液化油进行温度加氢，为进一步提质加工提供合格原料。

（3）产品精制

该部分包括轻质液化油品的加氢改质、轻烃回收、液化气脱硫等几个单元。加氢后的溶剂和加氢稳定后的初级液化产品经分离后，循环溶剂到煤浆制备单元循环使用，稳定加氢后的液化轻油到加氢改质单元进行提质加工，得到符合市场规格要求的石脑油、柴油等成品油及其他副产品。加氢改质装置包含加氢精制和加氢改质两个反应器，从加氢稳定单元来的轻质液化油品经预热后与氢气混合，先进入加氢精制反应器进行脱硫、脱氮和芳烃饱和反应，之后进入加氢改质反应器进一步发生芳烃饱和与部分裂化反应，反应产物经气液分离、分馏得到石脑油、油和柴油等馏分。轻烃回收单元利用自产的石脑油为吸收剂对产自煤液化、加氢稳定和加氢改质单元的轻烃进行吸收，以生产合格的液化气产品。液化气脱硫单元利用甲基二乙醇胺（MDEA）为溶剂脱除液化气中无机硫。

（4）环境保护

该部分对产自示范工程各工艺装置的气体进行脱硫，对煤液化等三套装置生产的酸性水进行汽提脱硫、脱氨，对煤液化污水进行萃取脱酚及对全厂污水进行处理、回收利用等。

示范项目的生产废水按"零排放"进行设计、建设和运转。

2. 大唐国际克什克腾煤气化工艺

内蒙古大唐国际克什克腾煤制气项目利用内蒙古丰富的褐煤资源生产天然气。该项目场址位于内蒙古赤峰市克什克腾旗西北部的达日罕乌拉苏木锡腾海。所用褐煤取自大唐公司具有独立开采权的内蒙古锡林浩特胜利东二号露客天矿。项目所产天然气目标市场是北京市，同时兼顾沿线用气需求。输气管线途经内蒙古赤峰、锡林郭勒盟、河北承德和北京密云。管线全长 359km，设计压力 7.8MPa，管径 914mm。

一期规模为 $13.3\times 10^9 m^3/a$，采用固定床碎煤加压气化技术生产粗合成气，为满足甲烷化需要,通过 CO 变换调整合成气中氢碳比、用酸性气体脱除合成气中 H_2S 及 CO_2 等,合成气再通过甲烷化及脱水生产合成天然气,产品经过压缩后送天然气管网。主要工艺单元装置包括:空分装置、煤气化装置、净化装置、甲烷化装置以及硫回收装置等(图 3-10)。

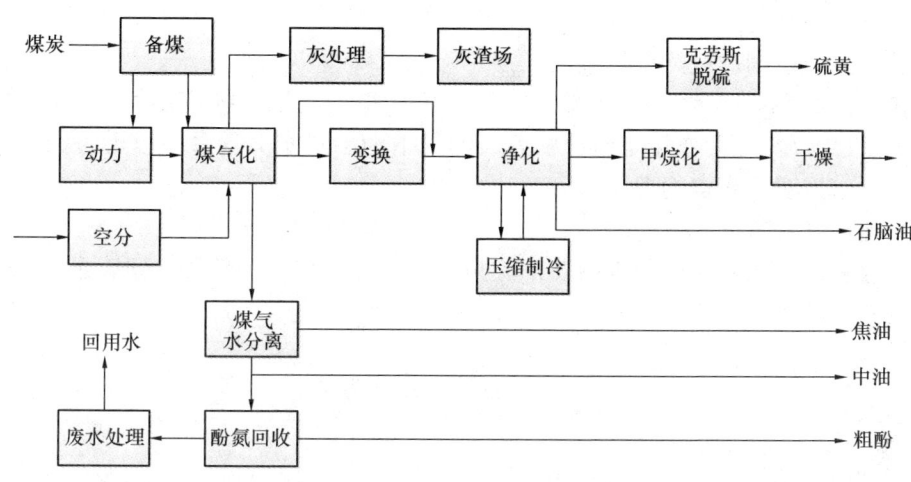

图 3-10 煤制合成天然气项目工艺流程示意图

(1) 空分装置

空分装置包括空气压缩、空气预冷、空气净化、空气分离、液体储存五个工序,从大气中吸取空气,采用空气两段增压、膨胀空气进下塔、两级精馏制取高纯度的氧气和氮气。

(2) 煤气化装置

原煤经过备煤单元处理后,从煤斗通过溜槽进入煤锁中,然后经自动程序操作的煤锁加入气化炉。蒸汽和来自空分装置的氧气作为气化剂从气化炉下部喷入,在炉内煤和气化剂逆流接触。煤经过干燥、干馏、气化、氧化生成粗煤气(主要组成为氢气、一化碳、二氧化碳、甲烷、有机硫、硫化氢、焦油、酚和高级烃),粗煤气经洗涤后送入变换单元。炉底部最终残留的灰渣由气化炉排入灰锁,再经灰斗排至水力排渣系统。

由于碎煤加压气化的温度较低,粗煤气中含有焦油、酚、氨等物质,并在冷却过程中随水一起排出系统,因此设置了煤气水分离单元对其进行初步分离处理。在该单元利用节流膨胀的原理,将溶解在煤气中的气体分离出来,并且利用无压重力沉降分离原理,根据不同组分的密度差,对煤气水中各组分进行初步分离。

(3) 酚回收装置

采用二异丙基醚萃取脱酚工艺,处理来自煤气水分离单元的含酚水,先脱酸、脱氨,然后再脱酚。最终产品为粗酚和氨水,氨水送烟气脱硫,处理后的剩余废水送生化处理系统。

(4) 净化装置

粗煤气经过部分变换和工艺废热回收后进入低温甲醇洗单元,粗煤气在低温甲醇洗单元脱除硫化物和其他杂质后送入甲烷化单元,在低温甲醇洗单元浓缩的含 H_2S 酸性气送入硫回收单元制得硫黄产品,低温甲醇洗单元的冷量由压缩制冷单元提供,制冷剂为氨。

(5) 甲烷化装置

将净化气中的 CO 及少量的 CO_2 通过甲烷化反应生成符合产品标准的合成天然气。其主要工艺过程包括甲烷化、天然气压缩、天然气干燥以及冷凝液汽提四个工序。

净化气经多级绝热反应，生成甲烷化含量达 96% 以上的 SNG 气体。甲烷化反应过程中的反应热通过副产过热中压蒸汽、预热除盐水等得以回收利用。为达到管网压力，出甲烷化界区的 SNG 气体经过天然气压缩工序，将产品压力提高至 8.2MPa（绝热压力）。天然气干燥工序的作用是将压缩后天然气中的少量水分通过三甘醇进行分离，以达到天然气管网对水露点的要求。

(6) 硫回收装置

硫回收采用二级富氧克劳斯硫黄回收技术。尾气经焚烧炉焚烧、回收余热后送往锅炉烟气脱硫系统进行处理。

3.3 可再生资源

能源禀赋结构决定了我国的能源消费在将来很长一段时间中化石能源仍然占主体地位。相关观点认为能源革命就是煤炭革命，是要优化煤炭资源配置，促进其绿色消费。化石能源跨期配置问题仍然是能源领域中的一个核心问题。所以，我国的能源战略可以看成"两条腿走路"模式。一是通过节能减排促进化石能源优化配置，二是通过大力发展可再生新能源，实施能源替代战略。

可再生资源也称可更新自然资源，这类资源主要包括被开发利用后，能够依靠生态系统得到恢复和再生的资源，如生物质资源、水资源、风能资源等。随着经济社会的快速发展，大量化石能源被消耗，不仅造成化石能源日趋枯竭，同时还带来了生态环境的破坏，这些越来越成为影响人类社会的重要问题，受到了世界各国的普遍关注。只有从根本上改变人类社会这种持续几百年的能源供给模式，大规模地开发利用取之不尽、用之不竭、清洁环保的可再生能源，才能真正实现社会的可持续发展。从本质意义上说，可再生能源是人类社会发展的长久保障和不竭动力。

从 20 世纪 70 年代的"石油危机"开始，人类社会便开始愈发受到能源紧缺问题的困扰。从世界范围内来看，常规能源是很有限的，社会经济的发展对能源的需求却在不断增加，能源供给状况日趋紧张。因此，开发可再生能源已经成为人类解决能源危机的必然选择。

3.3.1 太阳能

1. 太阳能概述

太阳能是指太阳以电磁辐射形式向宇宙空间放射的能量。太阳是地球上能源的根本，太阳距离地球 1.5×10^8 km，太阳直径为 1.39×10^6 km，总质量约 1.99×10^{27} t，平均密度为 1.4g/cm^3。从质量组成而言，太阳由 78.7% 的氢、19.8% 的氦、1.8% 的种类繁多的金属和其他元素组成，在异常的高温高压下，原子失去全部或大部分核外电子，它们在高速运动和互相碰撞中发生多种核反应，最重要的是氢核聚合合成反应，即热核反应。因此太阳内部温度高达一两千万开尔文，压力有 3400 多个标准大气压，物质在这个条件下呈等离子体状态。太阳核心释放的能量向外扩散，使太阳表面的温度大约为 6000K，大部分太阳能以热和光的形式向四周辐射开。因此可以说，来自地球以外的太阳能是一种清洁的可再生资源，取之不尽、用之不竭。除了直接辐射被人类利用外，太阳能还能为生物质能、水能和矿物能等能源的生产利用提供基础。

我国地面接收的太阳能非常丰富，辐射总量为 $3340\sim8400\text{MJ}/\text{m}^2$，平均值为 $5852\text{kJ}/\text{m}^2$，主要分布在我国的西北、华北以及云南中部和西南部、广东东南部、福建东南部、海南岛东部和台湾西南部等地区。太阳能高值中心（青藏高原）和低值中心（四川盆地）都处在北纬 $22°\sim35°$ 这个气候带中。与地球上其他能源，特别是传统的化石能源相比，太阳能的特点是覆盖面广、无害性、总量大，其缺点是能量密度较低（约 $1\text{kW}/\text{m}^2$）、分散，受地理位置和气候影响，存在随机性，而且只有白天提供能量，不连续。随着化石资源的不断减少，大量使用化石资源带来的环境污染等，给开发利用太阳能带来了机会。如何经济大规模利用太阳能依然是一项挑战。

2. 太阳能的开发利用

太阳能利用的途径和方式很多，主要有太阳能光热利用、太阳能光伏发电、光化学利用和光生物利用四种。

1) 太阳能光热利用

太阳能光热利用是将太阳辐射能收集起来，通过与物质的相互作用转换成热能加以利用，是一种物理热传递的过程。目前使用最多的太阳能收集装置，主要有平板型集热器、真空管集热器和聚焦集热器三种。根据所能达到的温度和用途，通常把太阳能光热利用分为低温利用（<200℃）、中温利用（200~800℃）和高温利用（>800℃）。目前低温利用主要有太阳能热水器、太阳能干燥器、太阳能蒸馏器、太阳房、太阳能温室、太阳能空调制冷系统等。中温利用主要有太阳灶、太阳能热发电聚光集热装置等。高温利用主要有高温太阳炉等。

2) 太阳能光伏发电

未来对太阳能的大规模利用形式为发电。利用太阳能发电的方式有多种，已实际应用的主要有以下两种。

（1）光-热-电转换，即利用太阳辐射所产生的热能发电。一般是用太阳能集热器将所吸收的热能转换为工质的蒸汽，然后由蒸汽驱动汽轮机带动发电机发电。前一过程为光-热转换，后一过程为热-电转换。

（2）光-电转换。其基本原理是利用光生伏打效应将太阳辐射能直接转换为电能，它的基本装置是太阳能电池。前者在太阳能热利用中有所阐述，因而这里主要介绍太阳能光-电转换过程，其核心就是太阳能电池及太阳能电池发电系统。

太阳能电池能量转换的基础是由半导体材料组成的 PN 结的光生伏打效应，简称光伏效应。当能量为 $h\nu$ 的光子照射到禁带宽度为 E_g 的半导体材料上时，产生电子-空穴对，并受由掺杂的半导体材料组成的 PN 结电场吸引，电子流入 n 区，空穴流入 p 区。如果将外电路短路，则在外电路中就有与入射光通量成正比的光电流通过。为了得到光生电流，要求半导体材料具有合适的禁带宽度。当入射光子能量大于半导体材料禁带宽度时，产生光电子，而大于禁带宽度的光子能量部分（$h\nu-E_g$）以热的形式损失。目前用于太阳能电池的半导体材料主要是晶体硅（包括单晶硅和多晶硅）、非晶硅薄膜和化合物半导体太阳能电池材料（包括Ⅲ-Ⅴ族化合物，GaAsⅡ-Ⅴ族化合物，如CdS/CdTe）等电池系列。在这些材料中，单晶硅和多晶硅太阳能电池用量最大，以光电效应工作的薄膜式太阳能电池为主流，而以光化学效应工作的湿式太阳能电池则还处于萌芽阶段。薄膜太阳能电池主要包括晶体硅薄膜、非晶硅薄膜、Cu(InGa)Se薄膜、CdTe薄膜等。虽然它们的关键材料都是半导体薄膜，但不同半导体材料的薄膜电池各有特色，因而其制造工艺和技术各不相同。对它们的研究和规模化应用也分别处于不同的发展水平。总之，薄膜太阳能电池广泛采用物理气相沉积、化学气相沉积和液相沉积等薄膜制备技术。

3）光化学利用

太阳能制氢是将太阳辐射能直接分解成水制氢的光-化学转换方式。主要有如下几种技术：热化学法制氢、光电化学分解法制氢、光催化法制氢、人工光合作用制氢和生物制氢。

太阳能直接热化学法制氢是最简单的方法，就是利用太阳能聚光器收集太阳能直接加热水，使其达到2500K以上的温度从而分解为氢气和氧气的过程。

典型的光电化学分解太阳能电池由光阳极和阴极构成，光阳极通常为光半导体材料，受光激发可以产生电子空穴对，光阳极和阴极组成光化学电池，在电解质存在下光阳极吸光后在半导体带上产生的电子通过外电路流向阴极，水中的氢离子从阴极上接受电子产生氢气；半导体TiO_2及过渡金属氧化物、层状金属化合物（如$K_4Nb_6O_{17}$、$K_2La_2TiO_{10}$、$Sr_2Ta_2O_7$等）及能利用可见光的催化材料（如CdS、Cu-ZnS等），都能在一定的光照条件下催化分解水而产生氢气。

人工光合作用是模拟植物的光合作用，利用太阳光制氢。其过程为：首先利用金属络合物使水中分解出电子和氢离子，然后利用太阳能提高电子能量，使它能和水中的氢离子起光合作用以产生氢。

4）光生物利用

通过植物的光合作用来实现将太阳能转换成为生物质能的过程，是人类开发新能源的一个重要课题。生物电池是光电转换的一种新类型，由于它具有降低成本的潜力引起人们极大的兴趣。人们将植物里的叶绿素提取出来，放到人工制备的膜里，光照时就会产生电。利用这种方法制作的生物电池，也叫叶绿素电池。叶绿素电池主要有液体隔膜光电池和光敏电极电池两类。将叶绿素等有机色素做成膜，利用此膜将两种含不同氧化还原物的溶液分开，膜中的色素吸收太阳光后，促使溶液发生氧化还原反应，从而产生电动势，这就是液体隔膜光电池的光电转换原理。所用到的植物主要有速生植物（薪炭林）、油料作物和巨型海藻等。

3.3.2 生物质能源

1. 生物质能源概述

生物质能是太阳能以化学能形式储存在生物质中的一种能量形式，它直接或间接地来源于植物的光合作用，是一种独特的可再生能源。生物质能具有可再生性、低污染性、分布广泛和储量丰富等特点。地球上每年植物光合作用的固定碳达2×10^{11}t，含能

量达 3×10^{21} J。每年通过光合作用储存在植物的枝、茎、叶中的太阳能，相当于目前全世界每年耗能量的10倍。生物质遍布各地，每年地球上的植物生产量就相当于全球消耗矿物能的20倍，或相当于全球现有生物能量的160倍。

全球生物质资源数量大、形式多，按来源不同把可以作为能源利用的生物质分为农业生物质资源、林业生物质资源、城市固体废物、畜禽粪便、生活污水和工业有机污水五个类别。

(1) 农业生物质资源

农业生物质资源是指包括能源植物在内的农业作物，农业生产过程中产生的如农作物收获时残留在农田内的农作物秸秆等废弃物，农业加工业产生的如稻壳等废弃物。能源植物泛指各种能提供能源的植物，包括草本能源作物、油料作物、制取碳氢化合物的植物和水生植物等。我国研发种植的能源甜高粱系列品种产生的生物乙醇比例占我国汽油的10%。

我国的农业生产废弃物资源量大面广，造肥还田及其收集损失约占15%，剩余农作物秸秆除了作为饲料、工业原料之外，其余大部分作为农户炊事、取暖燃料。目前农作物秸秆大多直接在柴灶上燃烧，其热效率仅为10%～20%。随着农村经济的发展，煤、液化石油气等已成为其主要的炊事用能。被弃于地头田间就地焚烧的秸秆量逐年增大，许多地区废弃秸秆量已占总秸秆量的60%以上。如2020年我国水稻、玉米、小麦、薯类、油料、豆类、棉花、甘蔗等农作物秸秆总量为6.6亿t，折算成标准煤约为3.3亿t。其中，水稻产量为1.65亿t，加工后产生的稻壳量约为3.3亿t；玉米产量为2.5亿t，玉米芯剩余量约为2.5亿t；小麦产量为1.3亿t，小麦秸秆产量约为1.95亿t；甘蔗产量为1.3亿t，剩余的甘蔗渣约为1.3亿t；棉花产量为560万t，棉花秸秆产量约为2.2亿t。

(2) 林业生物质资源

林业生物质资源是指森林生长和林业生产过程中提供的生物质能源，包括薪炭林、育林和间伐过程中产生的零散木材，残留的树枝、树叶和木屑等，木材采运和加工过程中产生的枝丫、锯末、木屑、梢头、板皮和截头等，林业副产品的废弃物，如果壳和果核等。我国的森林覆盖率已由20世纪50年代初期的8.6%提高到目前的16.55%，森林面积达到1.58×10^8 hm^2。我国林木的消费主要由商品材（约占消费总量的44.2%）、自用材（约占总量的23.5%）、直接燃烧的木材（约占总量的28.8%）三部分组成，其他用途的耗材约占3.50%（其中盗伐约占2.70%）。根据国家林业和草原局发布的数据，2019年我国农村消耗林业生物质能资源约为2.46亿t标准煤，占农村能源消费总量的22.2%。

根据木材加工场所、加工工艺和木材加工产品的不同，林产品加工业废弃物可分为林木伐区剩余物（立木→原木）和木材加工区剩余物（原木→成品）两大类。林木伐区剩余物包括经过采伐、集材后遗留在地上的枝杈、梢头、灌木、枯倒木、被砸伤的树木、不够木材标准的遗弃材等。每采伐$100m^3$的木材，剩余物约占30%，其中约有$15m^3$的枝杈和梢头、$8m^3$的木截头，还有部分小枝等。我国的木材加工厂的生产线几乎都是跑车带锯制材。带锯机锯条稳定性差，带锯制材锯切精度低，使锯材合格率仅为50%，因此木材加工区剩余物较多，造成了严重的木材浪费。按照我国目前的水平，综合出材率（由立木到原木的利用率）为65%，木材利用率（从原木到成品的利用率）为60%左右。

（3）城市固体废物

城市固体废物主要是由城镇居民生活垃圾、商业和服务业垃圾、少量建筑垃圾等固体废物组成，其成分比较复杂，受当地居民的平均生活水平、能源消费结构、城镇建设、自然条件、传统习惯及季节变化等因素的影响。随着经济的快速发展，城市化水平提高很快，城市数量和城市规模都在不断扩大，生活垃圾的产出量年增长率约为10%。至2010年，我国城市生活垃圾年产量已经达到4亿t。城市生活垃圾的成分随地域而异。生活垃圾按其化学组分可分为有机废物和无机废物。有机废物主要包括厨余、纸类、塑料及橡胶制品等垃圾，无机废物主要包括灰渣、玻璃等垃圾。如果生活垃圾不加以循环利用全部填埋，将占用巨大的土地资源。调查表明，我国2/3以上的城市面临"垃圾包围城市"的窘境。此外，垃圾中的有机物在填埋状态下会发生厌氧分解，产生的甲烷如果没有集中收集而是直接排放到大气中，将成为温室气体的重要来源。现有研究表明，全球垃圾填埋处理释放的甲烷年产量为2000万～7000万t，占人为甲烷排放总量的6%～20%。因此，实现垃圾的减量化、无害化甚至循环利用已经成为城市发展过程中亟须解决的问题。生活垃圾中的有机组分，作为生物质的一种存在形式，具有继续利用的可能，如可以好氧发酵后生产肥料或者厌氧发酵后集中收集沼气予以利用，或者直接燃烧其中高热值的组分利用余热发电，在此过程中可以同时实现垃圾的减量化和资源化。

（4）畜禽粪便

畜禽粪便是畜禽排泄物的总称，它是其他生物质（主要是粮食、农作物秸秆和牧草等）的转化产物，包括畜禽排出的粪便及其与垫草的混合物。我国主要的畜禽包括鸡、猪、羊和牛等，其资源量与畜牧业的发展水平有关。随着经济的发展和人民生活水平的提高，我国的禽畜饲养业向着规模化、集约化方向发展。根据畜禽品种和体重等因素及畜禽平均一昼夜的排粪量，可以估算出畜禽粪便可获得资源的实物量。研究表明，一头50kg以上的猪，每天排放的粪便可以产生$0.2m^3$的沼气；一头牛每天的粪便可以产生$1m^3$的沼气；每百只鸡粪每天可产$0.8m^3$的沼气。畜禽粪便经过厌氧发酵后不仅可以提供高效、清洁的气体燃料，而且它比城市人工煤气的热值还高。大中型沼气工程是一个有效处理畜禽粪便、提供清洁燃料的环保与能源工程，同时也是一个实现废弃物资源化、生物质多层次利用、促进农业生态良性循环的综合工程，可促进农业可持续发展。

（5）生活污水和工业有机污水

生活污水主要由城镇居民生活、商业和服务业的各种排水组成，如冷却水、洗浴排水、盥洗排水、洗衣排水、厨房排水、粪便排水等。工业有机污水主要有酒精、酿酒、制糖、食品、制药、造纸及屠宰等行业在生产过程中排出的污水等，这些废水中富含有机物。

2. 生物质能源利用及其技术

生物质能源是世界第四大能源，仅次于煤炭、石油和天然气，与风能、水能、太阳能相比，生物质能是以实物的形式存在的一种可储存和运输的可再生能源。据估算，地球陆地每年生产1000亿～1250亿t生物质，海洋每年生产500亿t生物质。因此，生物质的开发利用至关重要。生物质能转化利用途径主要包括直接燃烧、热化学转化、物理化学法转化、生化法转化和化学法转化等（图3-11）。经过上述工艺，生物质能可转化为二次能源热量或电力、固体燃料（木炭或成型燃料）、液体燃料（生物柴油、生物油、甲醇、乙醇和植物油等）和气体燃料（氢气、生物质燃气和沼气等）。

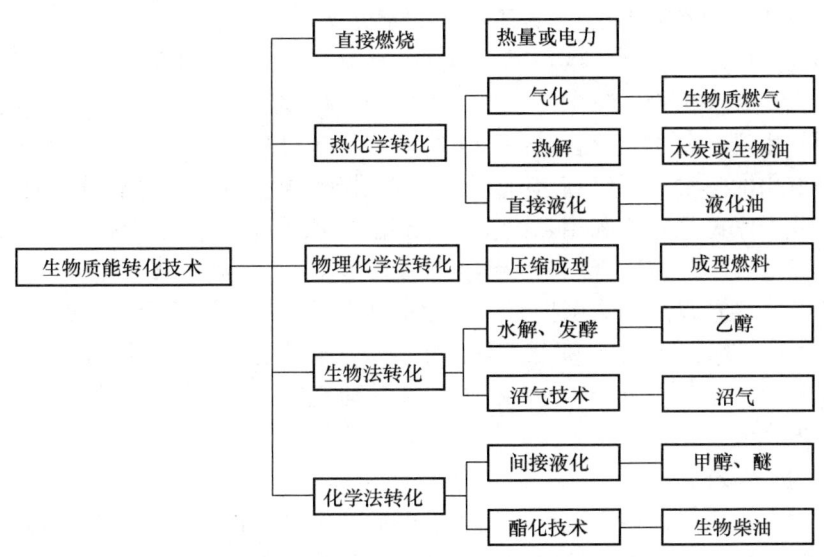

图3-11　生物质能转化利用途径

1）直接燃烧技术

生物质直接燃烧获取热量是目前最普遍的利用方法。在原始社会，人类已经开始使用柴薪和碎木作为燃料。虽然人类利用生物质的方式有几千年的历史，但如何提高利用效率仍是当前亟待解决的问题。像发展中国家当前使用的炉灶，其热效率只有10%左右，若能提高生物质的利用效率，就可有效减少对林木的砍伐，从而减少可能造成的各种环境生态问题。

燃烧是指燃料中所含的C、H等可燃元素与氧气发生剧烈的氧化反应释放热量的过程。固体燃料的燃烧按照燃烧特征可分为表面燃烧、蒸发燃烧和分解燃烧。表面燃烧是指燃烧反应在燃料表面进行，通常发生在挥发分很小的燃料中。如木炭的燃烧就是典型的表面燃烧。蒸发燃烧主要发生在灰熔点较低的固体燃料，燃料在燃烧前先熔融为液态（相当于液体燃料），然后再进行蒸发和燃烧。分解燃烧是指当燃料的热解温度较低时，热解产生的挥发分析出后，与氧气进行气相燃烧反应。

生物质的燃烧属于分解燃烧，其燃烧过程可分为预热和干燥、干馏、挥发分燃烧和固定碳燃烧四个阶段。当生物质温度达到100℃时，生物质进入干燥阶段，水分开始蒸发。水分蒸发需要吸收燃烧过程中释放的热量。当已经干燥的生物质继续受热时，挥发分开始析出，进入干馏阶段。当挥发分析出完毕后，剩下的就是木炭。试验表明，挥发分在较低的温度就开始析出，如木屑和咖啡果壳在160～200℃时开始析出，200℃时析出的速率最快，超过500℃后质量基本不变，挥发分已完全析出，干馏过程结束。在上述两个阶段，燃料处于吸热状态，为后续的燃烧做好准备，称为燃烧前准备阶段。随着燃料温度的不断增加,生物质高温析出的挥发分开始燃烧。挥发分燃烧释放的热量占燃烧全过程总释放热量的70%左右。挥发分燃烧阶段消耗大量的氧气,减少了扩散到炭表面的氧含量,抑制了固定碳的生成。

生物质直接燃烧前,只需对原料进行简单的处理,可减少项目投资,同时燃烧产生的灰分可用作肥料。英国Fibro watt电站的三台额定负荷为12.7MW、13.5MW和38.5MW的锅炉,每年直接燃烧掉75万t的家禽粪,发电量足够10万个家庭使用,并且禽粪经燃烧后质量会减少10%,方便运输,并作为一种肥料在英国及中东和远东地区出售。但直接燃烧生物质特别是木材产生的颗粒排放物对人体健康有很大的影响。作为燃料使用的生物质由于水分含量高(生物质含水量可高达90%),蒸发时会吸收很多生物质燃烧放出的热量,所以高水分生物质在直接燃烧前还应经过干燥处理。生物质发电技术在一些国家已经广泛利用,该技术用到的生物质种类主要是秸秆、蔗渣和谷壳。生物质燃烧发电技术已被联合国列为重点推广项目,丹麦从1988年建成第一座秸秆生物质发电厂起,逐渐发展到全国拥有130家秸秆发电厂,在可再生能源燃烧发电中所占的比例为81%。我国在山东、河北等地区也建立了秸秆发电示范项目,但有很大差距,发电厂规模相对较小,供电能力有限。在未来的研究中,应该开发经济可行、效率较高的生物质发电系统。

2) 沼气技术及沼气发电

沼气是由多种厌氧微生物混合作用后发酵而产生的。在这些厌氧微生物中,按微生物的作用不同,可分为纤维素分解菌、脂肪分解菌和果胶分解菌等;按代谢产物不同,可分为产酸细菌、产氢细菌和产烷细菌等。在发酵过程中,这些微生物相互协调、分工合作,完成沼气发酵过程。沼气发酵过程可分为两个阶段,即不产甲烷(CH_4)阶段和产甲烷阶段。其中不产甲烷阶段又可分为两个过程,即水解液化过程(消化过程)和产酸过程。水解液化过程中多个菌种将复杂的有机物分解成较小分子的化合物,例如纤维素分解菌分泌纤维素酶,使纤维素转化为可溶于水的二糖和单糖。产酸过程中由细菌、真菌和原生物把可溶于水的物质进一步转化为小分子化合物。产生CO和H产甲烷阶段是由产甲烷菌把HCO、乙酸、甲酸盐、乙醇等分解并生成甲烷和CO。沼气发酵产生的物质主要有三种:一是沼气,以甲烷和CO为主,其中甲烷含量在55%~70%,是一种清洁能源;二是消化液(沼液),含可溶性氮、磷、钾,是优质肥料;三是消化污泥(沼渣),主要成分是菌体、难分解的有机残渣和无机物,是一种优良有机肥,具有土壤改良功效。沼气的生成物有很高的应用价值。

沼气发电是利用沼气燃烧产生的热能直接或间接地转化为机械能,可用于多种设备,如沼气发动机(内燃机)、燃气轮机、蒸汽轮机(锅炉)等,发展中国家以农作物秸秆和畜禽粪便为原料生产沼气,百千瓦量级的沼气发电机组的发电量可达1.4~2.6kW·h/m³。

沼气燃料电池是一种清洁、高效、噪声低的发电装置,近年来在日本和欧美国家研究较多,国内研究也在不断增多,如广州市番禺水门种猪场建设采用了日本提供的200kW的沼气燃料电池装置。燃料电池产生的水蒸气、热量可供消化池加热或采暖用,排出废气的热量也可用于加热消化池。沼气中的有用成分是CH_4,燃料电池要求CH_4浓度(体积分数)在90%以上,其他成分如CO_2、H_2S等对燃料电池有不利影响,所以必须对沼气进行纯化后才能作为电池的燃料。燃料电池的效率比较高,与沼气内燃机效率不同,燃料电池能量转换的效率不受内燃机因素的限制,其值等于电池反应的吉布斯焓变与燃烧反应热之比,能量转换的效率可达90%左右。净化及提纯沼气可提高沼气发电机的转化率和热电联合利用率,可提高沼气燃料电池的燃烧利用率。因此,解决沼气发电的核心问题是沼气的净化处理和混合。

3) 生物质气化技术

生物质气化技术是指在一定的热力学条件下,以生物质为原料,借助于部分空气(或氧气)、水蒸气的作用,使生物质的高聚物发生热解、氧化、还原、重整反应,最终转化为一氧化碳、氢气和低分子烃类等可燃气体的过程。气化过程与燃烧过程有密切的联系,气化是部分燃烧或缺氧燃烧,生物质中炭的燃烧为气化过程提供了热能。

1833年,首次出现生物质气化技术商业化应用,它是以木炭为原料生产可燃气体驱动内燃机,用于早期的汽车和农业灌溉机械。第二次世界大战期间,生物质气化技术的应用曾达到高峰,当时大约有100万辆以木材或木炭为原料提供能源的车辆遍布世界各地。我国在20世纪50年代也曾因缺乏石油而采用气化的方法为汽车提供气体燃料。20世纪70年代出现的能源危机,再次促进了气化技术研究的发展,重点以各种农业废弃物、林业废弃物为原料,生产的可燃气体可作为热源用于发电或生产化工产品等。生物质气化技术是生物质能利用方式上的一个重大突破,实现了将固态的生物质转化为可燃性气体,进而替代煤气等常规气体燃料,扩大了生物质的利用范围。

生物质气化过程,包括生物质碳与氧的氧化反应,碳与二氧化碳、水等的还原反应和生物质的热分解反应。生物质气化由四个区域构成(图3-12)。

(1) 干燥层。生物质进入气化器顶部,被加热至200~300℃,原料中水分首先蒸发,产物为干原料和水蒸气。

(2) 热解层。生物质向下移动进入热解层,挥发分从生物质中大量析出。在500~600℃基本完成,只剩下木炭。

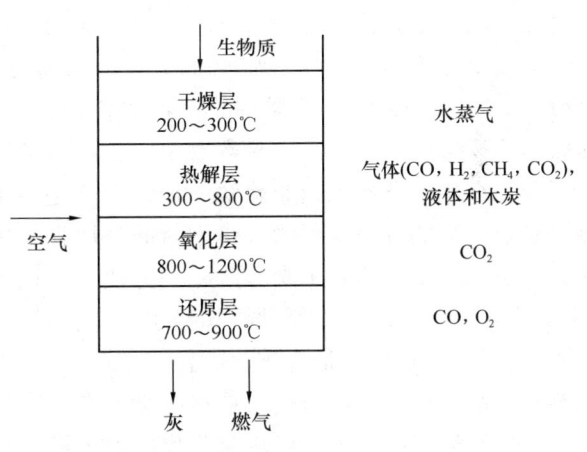

图3-12 生物质气化流程示意图

(3) 氧化层。剩余木炭与被引入的空气反应,释放出大量热以支持其他区域进行反应,该层反应速率快,温度达1000~1200℃,挥发分参与燃烧后进一步降解。

(4) 还原层。没有氧气存在,氧化层中的燃烧产物及水蒸气与还原层中的木炭发生还原反应,生成H_2和CO等,与挥发分一起形成了可燃气体,完成了固体生物质向气体燃料转化的过程,还原反应吸热,温度降至700~900℃,所需能量由氧化层提供,反应速率慢,还原层高度超过氧化层。

在生物质气化过程中,原料在限量供应的空气或氧气及高温条件下被转化成燃料气。气化过程可分为三个阶段:首先物料被干燥失去水分,然后热解形成小分子热解产物（气态）、焦油及焦炭，最后生物质热解产物在高温条件下进一步生成气态烃类产物、氢气等可燃物质，固体碳则通过一系列氧化还原反应生成CO。气化介质可用空气，也可以用纯氧，在流化床反应器中通常用水蒸气作载体。

生物质气化发电技术可将气化产生的可燃气用于推动燃气发电设备进行发电。它既能解决生物质难以燃用且分布分散的缺点，又可充分发挥燃气发电技术设备紧凑且污染少的优点，因此，气化发电是生物质能最有效最洁净的利用方法之一。气化发电过程包括生物质气化、气体净化以及燃气发电三个方面。生物质气化发电技术具有充分的灵活性、较好的洁净性和经济性三个特点。生物质气化发电系统可分为小规模、中等规模和大规模，其中小规模适合于生物质分散利用，投资小、成本低；大规模适合于生物质大规模利用，发电效率高，是生物质气化发电的主要发展方向。

4）生物质液化技术

生物质液化技术是通过热化学或生物化学方法将生物质部分或全部转化为液体燃料的一种技术。其中，生物化学法主要是指采用水解、发酵等手段将生物质转化为燃料乙醇，热化学法主要包括快速热解液化和加压催化液化制取生物油等。生物质能是唯一可以直接转换生产含碳液体燃料的可再生能源，其利用技术和化石燃料的利用方式具有很大的兼容性。

(1) 生物质热裂解技术

生物质热裂解是指生物质在完全没有氧或缺氧条件下热降解，最终生成生物油、木炭和可燃气体的过程，三种产物的比例取决于热裂解工艺和反应条件。一般地说，低温慢速热裂解（<500℃）产物以可燃气体为主，中温快速热裂解（500～650℃）产物以生物油为主，高温快速热裂解（650～1100℃）产物以可燃气体为主。如果反应条件合适，可获得原生物质80%～85%的能量，生物裂解油产率可达70%以上。热裂解压力一般为0.1～0.5MPa，热裂解的产物主要包括固体、液体和气体，产物的具体组成和性质与热裂解的方法和反应参数有关。根据热裂解条件和产物的不同，生物质热裂解工艺可分为炭化、干馏和快速热解三种。炭化是将木材放置在炉窑中通入少量空气进行热分解制取木炭的方法。干馏是将木材原料放在釜中隔绝空气进行加热，以制取醋酸、甲醇、木焦油、木馏油和木炭等产品的方法。根据干馏温度的高低，干馏可分为低温干馏（温度为500～580℃）、中温干馏（温度为660～750℃）和高温干馏（温度为900～1100℃）。快速热裂解是将林业废料如木屑、树皮及农业副产品如甘蔗渣、秸秆等在无氧条件下快速加热后，再进行快速冷却制取液态生物原油的方法。

生物质热裂解是复杂的热化学反应过程，包括分子键断裂、异构化和小分子聚合等反应。木材、林业废弃物和农作物废弃物的主要组分是纤维素、半纤维素和木质素。试验结果表明，纤维素在52℃时开始热分解。随着温度的升高，热裂解反应速度加快，到350～370℃时，分解为低分子气态产物。半纤维素结构上带有支链，是木材中最不稳定的组分，在225～325℃分解，比纤维素更易热分解，其热裂解机理与纤维素相似。

$$(C_6H_{10}O_5)_n \longrightarrow nC_6H_{10}O_5 \tag{3-2}$$

$$C_6H_{10}O_5 \longrightarrow H_2O+2(CH_3\text{-}CO\text{-}CHO) \tag{3-3}$$

$$CH_3\text{-}CO\text{-}CHO+H_2 \longrightarrow CH_3\text{-}CO\text{-}CH_2OH \tag{3-4}$$

$$CH_3\text{-}CO\text{-}CH_2OH+H_2 \longrightarrow CH_3CHOHCH_2+H_2O \tag{3-5}$$

根据热裂解过程的温度变化和生成产物的特点，生物质热裂解可以分为干燥阶段、预炭化阶段、炭化阶段和煅烧阶段。在干燥阶段（温度为120～150℃），生物质中的水分进行蒸发。在预炭化阶段（温度为150～275℃），生物质中的不稳定组分如半纤维素分解成二氧化碳、一氧化碳和少量醋酸等物质。上述两个阶段均为吸热反应阶段。在炭化阶段（温度为275～475℃），生物质进行急剧热解，产生大量的热解产物，该阶段为放热阶段。在煅烧阶段（温度为450～500℃），木炭中的挥发物质减少，固定碳含量增加，为放热阶段。实际上，上述四个阶段的界限难以明确划分，各阶段的反应过程会相互交叉进行。在生物质的热裂解过程中，影响热裂解过程的因素主要有热裂解的最终温度、升温速率、热裂解压力、生物质含水率、热裂解反应的气氛和生物质的形态等因素。生物质热裂解的最终温度对热裂解的产物产量、组成有显著的影响。研究结果表明，床料高度在热裂解过程中随着最终热裂解温度的升高而逐渐降低，在270～400℃的范围内降低较快，而在400～470℃范围内则降低较慢。随着最终热裂解温度的升高，木醋酸的组成也在不断地发生变化，在270～400℃的范围内组成变化较大，而当温度高于400℃时组分变化不显著。因此，如果以制取醋酸和甲醇为目的，热裂解的最终温度应限制在380～400℃。加热速率也会影响热裂解各阶段的反应过程。当加热速率增加时，焦油的产量将显著增加，而木炭产量则显著减少。如果以最大限度增加木炭产量为目的，应采用低温、长滞留时间的慢速热解过程；如果以最大限度增加生物原油产量，则应采用快速热裂解过程，生物原油的产率可达到80%。热解压力对生物质的热解过程影响较大。对热解产物，当压力升高时，将会增大木炭的产量，从而降低焦油的产量。生物质水分含量将直接影响热裂解时间和所需热量。生物质含水率较高时，热裂解所需的时间较长，而热裂解反应所需的热量也随之增加。生物质的形态对热裂解过程也会产生影响，例如木材，沿纤维方向的热导率比沿纤维垂直方向的热导率高，此外树皮也会影响热传导，故锯断、劈开和剥皮都可以加快木材的干燥和热裂解过程。

(2) 生物质直接液化技术

生物质直接液化是在较高的压力、温度和有溶剂存在的条件下的热化学反应过程，反应物的停留时间通常需要几十分钟，主要产物为碳氢化合物（即液化油）。与热解相比，直接液化可以产生物理性能和化学稳定性都更好的碳氢化合物液体产品，可作为燃料或化工原料。自1974年美国科学家成功地将木屑和有机废弃物液化为液化油以来，生物质直接液化进入了商业化应用示范阶段。

研究表明，直接液化技术最佳反应温度通常为250～350℃，最佳反应压力通常为0～29MPa。直接液化技术中常用气体包括惰性气体和还原性气体（H_2、CO_2等），常用溶剂包括水、苯酚、杂酚油、邻环己基苯酚、乙二醇、丙三醇、聚乙二醇、碳酸乙烯酯、碳酸丙烯酯以及超临界流体等。其中超临界流体是指溶剂被加热和压缩至临界温度和临界压力以上时，同时具有液体和气体的双重特性的一类特殊流体。当使用超临界流体时，通常不需要加入催化剂即可达到较好的液化效果。可用作超临界流体的物质通常是小分子有机物或无机物，如水、乙烷、丙烷、乙烯、氨、二氧化碳、二氧化硫、乙醇、丙酮等。生物质直接液化技术常用催化剂见表3-5，其中金属型催化剂既可单独应用也可负载在Al_2O_3、分子筛和沸石等载体上应用。

表 3-5　生物质直接液化技术常用催化剂

类别	分子式
弱酸	H_3PO_4、$C_2H_2O_4$、$HCOOH$、CH_3COOH
强酸	$HClO_4$、HCl、H_2SO_4
碱	KOH、$NaOH$、$LiOH$、$Ca(OH)_2$
盐	K_2CO_3、Na_2CO_3、Rb_2CO_3、Cs_2CO_3、$KHCO_3$、$NaHCO_3$、CH_3ONa
金属	Fe、Co、Ni、Mo、Zn、Cu、Pt、Pd

生物质直接液化工艺流程如图 3-13 所示。

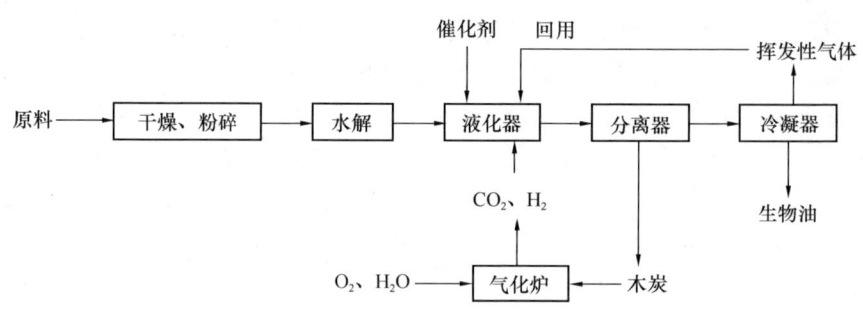

图 3-13　生物质直接液化工艺流程

以木材为例。木材原料中的水分较高，一般含水率可达 50%。为减少液化的反应时间，需将木材含水率降到 4% 左右。将木屑干燥和粉碎后由高压输料机输送到液化反应器，也可用稀酸或碱水解后再进入液化反应器以提高液化效率。液化后生成的炙热气体与木炭分离后，木炭可以经气化生成还原性气体回到液化反应器中，炙热气体经冷凝后分离为生物油和挥发性气体，挥发性气体中的惰性和还原性成分也可回到液化反应器中。液化反应的产物包括油、水、未反应的木屑和其他杂质，利用产品回收装置将固体杂质与液体分开，得到的液体产物一部分作为循环油使用，其余作为产品输出。液化油是高黏度、高沸点的酸性液体。不同催化剂和反应温度时生物质液化的产物不同。直接液化技术由于成本高、技术尚不成熟，目前尚未规模化应用，但生物质直接液化效果优于传统的热裂解液化技术，所以具有较大的应用前景。

5) 生物质制取燃料乙醇和生物柴油工艺

(1) 燃料乙醇的制取工艺

燃料乙醇不含硫、氮，是一种优质的液体燃料，可以直接代替汽油、柴油等石油燃料，也可与汽油混合使用作为车用燃料。

燃料乙醇的生产方法可分为发酵法和化学合成法两大类。

① 发酵法

发酵法生产原料主要有淀粉质原料、糖质原料、纤维素原料以及工业废液原料，用糖质原料生产乙醇要比用淀粉质原料简单，用淀粉和纤维素制取乙醇需要水解糖化加工过程，而纤维素的水解要比淀粉困难。我国燃料乙醇主要原料是储存后变质的粮食、木薯、甜高粱等淀粉质或糖质非粮食作物为主，被称为第一代燃料乙醇技术，其工艺流程一般分为液化、糖化、发酵、蒸馏、脱水五个阶段。以木质素为原料是第二代乙醇技术，该技术首先要进行预处理，脱去木质素，增加原料的疏松性，进而增加各种酶与纤维素的接触，提高酶的转化效率，待原料分解为可发酵糖类后，再进入发酵、蒸馏和脱水阶段。

纤维素的性质很稳定，只有在催化剂存在下才能显著水解。常用的催化剂有无机酸和纤维素酶，由此分别形成了酸水解（浓酸水解工艺和稀酸水解工艺）和酶水解工艺。酸水解法虽然比较古老，但比较成熟，酶水解法则是近代才发展起来的。

② 化学合成法

化学合成法利用炼焦炭、裂解石油的废气为原料，经化学合成反应而制成酒精。有乙烯直接水合法、硫酸吸附法和乙炔法等方法，其中乙烯直接水合法工艺应用较多，它是以磷酸为催化剂，在高温高压条件下，将乙烯和水蒸气直接反应成乙醇。化学合成法生产酒精又可分为间接水合法和直接水合法两种，目前工业上普遍采用后者。间接水合法又称硫酸水合法，它的生产过程是将乙烯与硫酸经加成作用生成硫酸氢乙酯，再进行水解生成乙醇和硫酸。此法的缺点是对设备腐蚀严重，酸消耗较多，优点是对原料气体的纯度要求不高，设备简化。直接水合法是乙烯与水蒸气在磷酸催化剂存在下，在高温高压下可直接发生加成反应，生成酒精。此法要求乙烯纯度在98%以上的原料气，需要采用特殊的方法分离裂解其中各种组分，对设备、材料都提出了较高的要求，但此法步骤简单，无腐蚀问题。

(2) 生物柴油的制取

柴油作为一种重要的石油炼制产品，在各国燃料结构中占有较高的份额。柴油具有动力大的特点，可以作为许多大型动力车辆发动机的主要燃料。随着世界范围内车辆柴油化趋势的加快，未来柴油的需求量会越来越大。石油资源的日益枯竭和人们环保意识的提高，大大促进了世界各国加快柴油替代燃料的开发步伐，尤其是 20 世纪 90 年代后，生物柴油以其优越的环保性能受到各国的重视。

生物柴油是通过动植物油脂转化而来的高级脂肪酸的低碳烷基酯混合物。它是通过以不饱和油酸碳为主要成分的甘油酯分解而获得的。柴油分子是由 15 个左右的碳原子组成的烃类，而植物油分子中的脂肪酸一般由 14~18 个碳原子组成，与柴油分子的碳原子数接近。生物柴油以其物化性能与石化柴油相近，因可直接代替石化柴油或与普通石化柴油以任意比例互溶代替石化柴油使用而得名。比如 B5（5%的生物柴油与95%的普通柴油混合），B20（20%的生物柴油与80%的普通柴油混合）等。

与普通柴油相比，生物柴油具有可再生性，由于生物柴油含氧量高，其燃烧时排烟少，一氧化碳的排放与柴油相比减少约10%（添加催化剂时为95%），因此具有优良的环保特性。另外，生物柴油十六烷值高，具有良好的燃料性能，燃烧残留物呈微酸性，使催化剂和发动机机油的使用寿命加长，而且有较好的低温发动机启动性能和较好的润滑性。由于闪点高，生物柴油具有较好的安全性能，在运输、储存和使用方面都十分安全。

目前，国内外生物柴油的制备方法主要有物理法、化学法、生物酶法等。

① 物理法生物柴油生产技术

在物理法生物柴油生产技术方面，主要是利用了动植物油脂具有高能量密度和可燃烧的特性用于柴油代用燃料。由于动植物油脂具有黏度较高的特点，为了使其能够用于内燃机燃烧，一种方法是直接混合法，即将天然油脂与石油柴油、溶剂或醇类按不同的比例直接混合后用于柴油代用燃料。Amans 等将大豆油与 2 号柴油进行混合，然后在直接喷射的涡轮发动机上试验，结果表明，大豆油与 2 号柴油以 1：2 的比例可以得到很好地混合，降低了燃料油的黏度，并可直接用于农用机械的替代燃料。通常采用植物油与石化柴油以 5%～30% 的混合比，其性能与 2 号石油柴油的性能很接近。另一种方法是微乳液法，即将动植物油与甲醇、乙醇和 1-丁醇等溶剂混合制成微乳液来解决动植物油黏度高的问题。微乳液是一种透明的、热力学稳定的胶体分散系，是由两种不互溶的液体与离子或非离子的两性分子混合而形成的直径在 1～150nm 的胶质平衡体系。Georing 等用乙醇水溶液与大豆油制成微乳液，Ziejewski 等用冬化葵花籽油、甲醇、1-丁醇制成乳状液，Neuma 等用表面活性剂（主要成分为豆油皂质、十二烷基磺酸钠及脂肪酸乙醇胺）、助表面活性剂（主要成分为乙基、丙基、异戊基醇）、水、石化柴油和大豆油制成可替代柴油的微乳液。我国江苏理工大学与德国 ELSBETT 公司合作，成功开发了燃烧植物油的小缸径高速直喷内燃机，并在开发的车用内燃机上开展了用植物油做燃料的应用研究，成功地使用多种植物油。

② 化学法生物柴油生产工艺

目前生物柴油主要是用化学法生产，即用动植物油脂与甲醇或乙醇等低碳醇在酸性或碱性催化剂和高温（230～250℃）下进行转酯化反应，生成相应的脂肪酸甲酯或乙酯，经洗涤干燥即得生物柴油。甲醇或乙醇在生产过程中可循环使用，生产设备与一般制油设备相同，生产过程中可产生 10% 左右的副产品甘油。Ballaestra 间歇式油脂醇解工艺是最常用的酯交换工艺，一般分为三个步骤：首先，酯交换经预处理的油脂与甲醇一起装入反应罐，加入少量 NaOH 做催化剂，其中甲醇为油脂质量的 12%～14%，催化剂为油脂的 0.8% 左右，物料在搅拌下加热，在压力 0.5～0.6MPa、温度 160℃ 的条件下，反应 2～3h。然后，分离反应物料降温到 90～100℃，减除压力，加入油脂质量 0.8%～0.9% 的硫酸，将产生的肥皂分解。在物料中加入一定量的水，静置沉淀一定时间，甲酯不溶于水而被置于沉降器中，甘油可溶于水从反应罐底部排出，进行回收利用。最后，减压蒸发甲醇，甲醇蒸气在冷凝器中冷凝后回收入甲醇储罐，加入 NaOH 中和甲醇中的酸，然后将甲醇送到精馏塔进行精馏，从精馏塔出来的蒸气冷凝后部分回到精馏塔，部分回到甲醇储罐重新使用，分离出来的水由精馏塔底部排出。

化学法合成生物柴油虽然常用，但有以下缺点：工艺复杂，醇必须过量，后续工艺必须有相应的醇回收装置，能耗高，色泽深，由于脂肪中不饱和脂肪酸在高温下容易变质，酯化物难以回收，成本高，且生产过程有废碱液排放。

③ 生物酶法生物柴油生产技术

为解决上述问题，人们开始研究用生物酶法合成生物柴油，即用动物油脂和低碳醇通过脂肪酶进行转酯化反应制备相应的脂肪酸甲酯及乙酯。酶法合成生物柴油具有条件温和、醇用量小、无污染排放的优点。用于催化合成生物柴油的脂肪酶主要是酵母脂肪酶、根霉脂肪酶、毛霉脂肪酶、猪胰脂肪酶等。由于脂肪酶的来源不同，其催化特性也存在很大差异。

脂肪酶固定化技术在工业规模生产中极具吸引力，因其稳定性高，可重复使用，保留酶活性，并有获得超活性的可能，容易从产品中分离。酶的固定化方法很多，其中吸附法制备简单且成本低，被认为是大规模固定化脂肪酶的最适宜的方法。

采用固定化酶反应器的连续酯交换工艺如下：首先在反应器中装填入固定化脂肪酶催化剂，然后用计量泵将油脂、低碳醇和低沸点溶剂的混合溶剂按一定比例分别从固定床反应器顶部和底部泵入进行转酯反应。产物从反应器流出进入甘油分离器，静置分出下层粗甘油，然后进入反应器。产物经过与第一级类似的第二级、第三级反应，最后经甘油分离、闪脱出其中的少量溶剂得粗产品，得到的粗产品根据各地区的生物柴油冷凝点的要求，经冷冻分离装置生产各种规格的最终产品。

目前存在的主要问题为：甲醇及乙醇的转化率低（仅为40%～60%），副产物甘油和水难以回收，酶的使用寿命短。脂肪酶对长链脂肪醇的酯化或转酯化有效，对短链脂肪醇（如甲醇或乙醇等）转化率低。由于短链醇对酶有一定毒性，造成酶的使用寿命降低。副产物甘油和水的难以回收，对产物形成抑制，甘油对固定化酶的毒性使固定化酶的使用寿命进一步降低。

④ 工程微藻法生物柴油生产技术

工程微藻法生产柴油是生物柴油生产的新动向，为柴油生产开辟了一条新的技术途径。

美国国家可更新能源实验室（NREL）利用工程微藻生产柴油。工程微藻是一种通过基因工程技术建构的微藻，称为"工程小环藻"。在实验室条件下可使脂质质量分数增至60%以上，户外生产能力也可增至40%以上，而自然状态下硅藻油脂的质量分数仅为5%～20%。工程微藻中脂质含量的提高主要由于乙酰辅酶A羧化酶（ACC）基因在微藻细胞中的高效率，在控制脂质积累水平方面起到了重要作用。目前，正在研究选择合适的分子载体，使ACC基因在细菌、酵母和植物中充分表达，还将修饰的ACC基因进一步引入微藻中以获得更高效率。清华大学吴庆余等通过异养转化细胞工程技术获得了脂类含量高达细胞干重55%的异养藻细胞。

工程微藻的优点：生产能力高，生产油脂比陆生植物单产高出30倍，称得上是一座"大化工厂"；以海水作为天然培养基，可进行大量养殖；不与其他农业争地。

3.3.3 风能

1. 风能资源概述

太阳光照射到地球表面，地球表面各处受热不同，空气产生温差和密度差形成压力差，从而引起大气的对流运动形成风，因此风能来自太阳能。据估计，到达地球的太阳能中约2%转化为风能，全球的风能约为2.74×10^9 MW，其中可利用的风能为2×10^7 MW，比地球上可开发利用的水能总量还要大10倍。

自1973年世界石油危机以来，在常规能源短缺和全球生态环境恶化的双重压力下，风能作为新能源得到长足的发展。风能作为一种无污染和可再生的新能源，有着巨大的发展潜力。特别是对沿海岛屿、交通不便的边远地区、地广人稀的草原牧场，以及远离电网和近期内电网难以到达的农村、边疆，作为解决生产和生活能源的一种可靠途径，有着十分重要的意义。在发达国家，风能也日益受到重视，如美国在1974年就开始实行联邦风能计划。

风能资源有陆地和海洋两大类。

1) 风能资源的优点

(1) 蕴藏量极其丰富，具有巨大的供给能力。

(2) 可再生，具有可持续性。在地球上分布十分广泛，只要有太阳能存在，就有风的存在，风能就可以周而复始的循环利用。

(3) 就地可取，无须运输。风能本身是免费的，就地取材，开发风能是解决偏远地区和少数民族聚居区能源供应的重要途径。

(4) 风能属于清洁型能源，不污染环境，不破坏生态。风能在开发利用过程中不会给空气带来污染，也不破坏生态，是一种清洁安全的能源。

2) 风能资源的缺点

(1) 能量密度低。由于风能来源于空气的流动，而空气的密度是很小的，因此风力的能量密度也很小，只有水力的千分之一。

(2) 能量不稳定。由于气流瞬息万变，因此风的脉动、日变化、季变化以及年际的变化都十分明显，波动很大，极不稳定，这种不稳定性给使用带来一定难度。

(3) 地区差异大。由于地理位置和地形的影响，风力的地区差异非常明显。即使在一个邻近的区域，有利地形下的风力，往往是不利地形下的几倍甚至几十倍。

我国位于亚洲大陆东南，邻近太平洋西岸，季风强盛，冬季季风在华北长达6个月，在东北长达7个月，东南季风则遍布我国的东半部。全国风力资源的总储量为每年1.6×10^6 MW，近期可开发的约为1.6×10^5 MW。内蒙古、青海、黑龙江、甘肃等省、自治区的风能储量居我国前列，年平均风速大于3m/s的天数在200天以上。

我国风力发电机的发展，在20世纪50年代末是各种木结构的布篷式风车，1959年仅江苏省就有木风车20多万台。到60年代中期主要是发展风力提水机，70年代中期以后风能开发利用得到迅速发展。20世纪80年代中期以后，我国先后从丹麦、比利时、瑞典、美国、德国引进一批中、大型风力发电机组。在新疆、内蒙古的风口及山东、浙江、福建、广东的岛屿建立了8座示范性风力发电场。目前我国已研制出100多种不同型式、不同容量的风力发电机组，形成了风力发电设备产业。

2. 风能资源利用方式

在全球范围内，风能主要用于以下几方面。

1) 风力提水

风力提水从古至今得到较普遍的应用。至20世纪下半叶，为解决农村、牧场的生活、灌溉和牲畜用水及为了节约能源，风力提水机有了很大的发展。现代风力提水机根据其用途可分为两类：一类是高扬程小流量的风力提水机，它与活塞泵相配汲取深井地下水，主要用于草原、牧区，为人畜提供饮水；另一类是低扬程大流量风力提水机，它与水泵配合，汲取河水、湖水或海水，主要用于农田灌溉、水产养殖或制盐。风力提水机在荷兰使用最广泛，我国十分常见。

2) 风力发电

利用风力发电是风能利用的主要形式，受到各国的高度重视，发展速度最快。风力发电通常有三种运行方式：一是独立运行方式，通常是一台小型风力发电机向一户或几户提供电力，它用蓄电池蓄能，以保证无风时的用电；二是与其他发电方式（如柴油机发电）相结合，向一个单位或一个村庄或一个海岛供电；三是并入常规电网运行，向大电网提供电力。常常是一处风场安装几十台甚至几百台风力发电机,并网运行是风力发电的主要发展方向。

3) 风帆助航

为节约燃油或提高航速,古老的风帆助航已在万吨级货船上,采用电脑控制节油率最高达15%。

4) 风力制热

风力制热是将风能转换成热能。为解决家庭及低品位工业热能的需要,风力制热有了较大发展。目前有三种转换方法:

(1) 风力机发电,将电能通过电阻丝变成热能。虽然电能转换成热能的效率是100%,但风能转换成电能的效率却很低。因此,从能量利用的角度看,这种方法不可取。

(2) 风力机将风能转换成空气的机械能,再转换成热能。即由风力机带动离心压缩机,对空气进行绝热压缩而放出热能。

(3) 由风力机直接将空气的机械能转换成热能。

显然,第三种方法制热效率最高。风力机直接转换成热能也有多种方法,最简单的是搅拌液体制热,即风力机带动搅拌器转动使液体(水或油)变热。此外,还有固定摩擦制热和电涡流制热等方法。

3.3.4 海洋能

1. 海洋能资源概述

海洋能指依附在海水中的可再生能源。海洋通过各种物理过程接收、储存和散发能量,既不同于海底下储存的煤、石油、天然气等海底能源资源,也不同于溶存于海水中的铀、锂、氘、氚等化学能源资源,这些能量以潮汐、波浪、温度差、盐度梯度、海流等形式存在于海洋之中。

地球表面积约为 $5.1 \times 10^8 \mathrm{km}^2$,其中陆地表面积为 $1.49 \times 10^8 \mathrm{km}^2$,海洋面积达 $3.61 \times 10^8 \mathrm{km}^2$。以海平面计,全部陆地的平均海拔约840m,海洋平均深度为380 m,整个海水容积多达 $1.37 \times 10^9 \mathrm{km}^3$。大海不仅为人类提供航运、水源和丰富矿藏,还蕴藏着巨大能量,它将太阳能及派生的风能等以热能、机械能等形式蓄在海水里,这种能量不像在陆地和空中那样容易散失。

近年来,世界各主要海洋国家普遍重视海洋能的开发利用。潮汐能、波浪能等开发利用技术日趋成熟,规模扩大,已达到或接近商业化应用价值。温差能(OTEC)发电被公认为是最具发展潜力的海洋能,小规模开发试验已获成功。海洋能综合开发利用受到极大重视,有望在海水淡化、燃料生产、发展养殖业和旅游业、垃圾填埋、围海垦殖等方面取得明显效益。

2. 海洋能开发利用技术

1) 波浪能发电

波浪能是指海洋表面波浪所具有的动能和势能,是由风把能量传递给海洋所产生的,其实质为吸收风能而形成。波浪能与波高的平方、波浪的运动周期及迎波面的宽度成正比。每年大浪对1km长的海岸线所做的功约为100MW,全球海洋的波浪能达 $7 \times$

10^7 MW，可供开发利用的波浪能为 3×10^6 MW，年发电量可达 9×10^{13} kW·h。我国的波浪能约为 7×10^4 MW。

波浪能转换主要有第一级、中间级和最终级三个转换环节。

(1) 第一级转换。即将波能转换为某一实体具有的能量，一般由受能体和固定体组成。受能体与具有能量的海浪相接触，直接接受从海浪传来的能量，将海浪能转换为本身的机械运动；固定体相对固定，它与受能体形成相对运动。

(2) 中间转换。即将第一级转换与最终转换相连接。由于波浪能水头低，速度不高，经过第一级转换后，往往达不到最终转换的动力机械的要求。中间转换过程将起到稳向、稳速和增速的作用。第一级转换是在海洋中进行的，它与动力机械间有距离，中间转换起传输能量的作用。

(3) 最终转换。即把机械能转换为电能，实现波浪能发电。这种转换是用常规的发电技术。作为波浪能用发电机，要适应功率较大幅度变化的工况。一般小功率的波浪能发电都采用整流后输入蓄电池的方法蓄存，较大功率的波力发电站一般并入陆地电网。最终转换若不以发电为目的，也可直接产生机械能，如波力抽水或波力搅拌等。也有波力增压用于海水淡化的实例。

2) 潮汐能发电

因月球引力的变化引起潮汐现象，潮汐导致海水平面周期性升降。因海水涨落及潮水流动所产生的能量称为潮汐能。潮汐能的能量与潮量和潮差成正比，或者说与潮差的平方和发电站水库的面积成正比。海洋的潮汐中蕴藏着巨大的能量，在涨潮的过程中，汹涌而来的海水具有很大的动能。随着海水水位的升高，就把海水的巨大动能转化为势能，在落潮的过程中，海水奔腾而去，水位逐渐降低，势能又转化为动能。

潮汐发电与普通水利发电原理类似。通过水库，在涨潮时将海水储存在水库内，以势能的形式保存，然后在落潮时放出海水，利用高、低潮位间的落差，推动水轮机旋转，带动发电机发电。与河水的差别在于，海水蓄积的流量较大而落差不大，且呈间歇性，从而发电的水轮机结构要适合低水头、大流量的特点。

我国已建成八座小型潮汐电站。江厦潮汐电站是我国目前最大的潮汐电站，装有五台机组，总装机容量 3200kW，是单库双向型电站。该电站位于浙江省乐清湾，最大潮差 8.39m，电站水库面积约 5km^2，坝长 670m，坝高 15.5m。水闸为五个孔，每孔净宽 3m，共 15m。采用计算机控制运行，保证了发电站的稳定运行，提高了经济效益。该电站年发电量超过 1×10^7 kW·h，加上围垦耕种和海水养殖等综合利用，年净收入可达 240 万元。

3) 海洋温差发电

海水温差能是指表层海水和深层海水之间水温差的热能，是海洋能的一种重要形式。在地球赤道附近，表层的海水温度为 23~29℃，而在 900~1000m 深处的水温则为 4~6℃。海洋热力发电是将海洋吸收的太阳能转换为机械能，再把机械能转换为电能，借助于海底冷水与表层水的温差，构成一种动力循环。

温差发电的基本原理是借助一种工作介质，使表层海水中的热能向深层冷水中转移，从而做功发电。海洋温差能发电主要采用开式和闭式两种循环系统。开式循环系统主要包括真空泵、温水泵、冷水泵、闪蒸器、冷凝器、透平发电机等组成部分。真空泵先将系统内抽到一定程度的真空，接着启动温水泵把表层的温水抽入闪蒸器。由于系统内已保持有一定的真空度，温海水就在闪蒸器内沸腾蒸发为蒸汽。蒸汽经管道由喷嘴喷出推动透平机运转，带动发电机发电。从透平机排出的低压蒸汽进入冷凝器，被由冷水泵从深层海水中抽上来的冷海水所冷却，重新凝结为水并排入海中。在此系统中，作为工作介质的海水，由泵吸入闪蒸器蒸发，推动透平做功，然后经冷凝器冷凝后直接排入海中，此工作方式的系统称为开式循环系统。闭式循环发电系统是将来自表层的温海水通过热交换器内热量传递给低沸点工作介质——丙烷、氨等，使之蒸发，产生的蒸汽再推动汽轮机做功，而深层冷海水仍作为冷凝器的冷却介质。这种系统因不需要真空泵，是目前海水温差发电中常采用的循环系统。

思政小结

可再生能源是指在自然界中不断产生并能够被持续利用的能源，例如太阳能、风能、水能、生物能等。在当前全球能源危机和环境污染日益严重的情况下，可再生能源已成为人们关注的焦点。在思想政治教育中，可再生能源教育可以引导学生树立正确的生态文明理念和可持续发展观念，强调可再生能源在实现可持续发展和保护环境方面的重要作用。开发利用可再生能源是落实科学发展观、建设资源节约型社会、贯彻习近平生态文明思想，实现可持续发展的基本要求；是保护环境、应对气候变化的重要举措；也是开拓新的经济增长领域、促进经济转型、扩大就业的重要选择。

思考题

1. 试述水资源危机及其主要解决途径。
2. 水资源利用过程中存在哪些问题？
3. 海绵城市建设对于城市水资源利用具有什么意义？
4. 试述工业园区水循环利用过程中人工湿地建设的作用。
5. 试述在"碳达峰、碳中和"背景下化石能源开展清洁利用的意义。
6. 煤炭资源清洁利用的技术有哪些？
7. 试述生物质资源化利用对于"碳达峰、碳中和"的贡献。
8. 试述生物质资源的特点以及在利用过程中存在的问题。
9. 风力发电对于风力的要求有哪些？
10. 太阳能利用有哪些优势和弊端？对于环境条件有哪些要求？

4 工业发展与生态学需求分析

教学目标

教学要求：了解城市功能定位，认知总物流分析及能源供给的概念，对工业发展与生态学需求关系有更深体会。

教学重点：熟练掌握总物流的模型及隐藏流。

教学难点：总物流模型的掌握及隐藏流的分析。

4.1 城市功能、城镇化及其生态学分析

4.1.1 城市、城市功能及其分类

1. 城市的定义

《简明不列颠百科全书》：城市是一个相对永久性的高度组合起来的人口集中的地方，比城镇和村庄规模大，也更重要。《经济大辞典》：城市是人口集中、工商业比较发达的地区。《现代汉语词典》：城市是人口集中、工商业发达、居民以非农业人口为主的地区，通常是周围地区的政治、经济、文化中心。《辞源》：城市被解释为人口密集、工商业发达的地方。

从经济学的角度，城市是具有相当面积、经济活动和住户集中，以致在私人企业和公共部门产生规模经济的连片地理区域（Hirsh），或城市是一个坐落在有限空间地区内的各种经济市场（住房、劳动力、土地、运输等）相互交织在一起的网络系统（Button）。按照社会学的传统，城市是具有某些特征的、在地理上有界的社会组织形式。在地理学上，城市是地处交通方便且覆盖一定面积的人群和房屋的密集结合体（Ratzel）。在城市规划学上，非农牧业，以二、三级产业人口为主要居民时，就称为城市（《城市规划基本术语标准》）。在我国，城市包括按国家行政建制设立的市、镇。

《中共中央关于经济体制改革的决定》给出的城市定义为：城市是国家经济、政治、科学技术和文化教育的中心，是现代工业和第三产业集中的地方。

综上所述，城市的定义可表达为：城市是一定地域范围内经济、政治和文化的中心，是现代工业和第三产业及非农业人口集中的地方。

2. 城市功能

城市功能是指城市在国家或地区的政治、经济、文化生活中所承担的任务和作用，是城市生命力之所系。

城市的主导功能决定了城市的性质。城市的类型是一个历史概念，没有固定的模式。

以上海为例，中华人民共和国成立初期，上海是全国最重要的工业基地，轻工业和重工业都十分健全和发达。而在今天，上海已发展成为远东地区的商业、贸易和金融中心之一，跻身于国际大都市之列。根据国际经济中心城市在功能上的共性要求，并充分反映时代特征、中国特色和上海特点。上海的基本功能定位在集散功能、生产功能、管理功能、服务功能4个方面，总体发展战略的核心举措是"转移、跨越、接轨和创新"。

目前，北京、上海和一些省会中心城市的城市功能比较完备，发挥的作用较好。省内中心城市除少数副省级城市如大连、青岛、宁波、苏州、厦门等城市功能发挥得比较好之外，由于行政级别是地级城市，还有相当部分城市尚未起到中心城市应起的作用，它们只是单纯的行政中心，经济辐射带动力不够强大，没有起到金融中心、技术中心、教育中心、信息中心、流通中心的作用。由于中心城市的形成是与历史、经济、地理环境等诸多因素密不可分，有些城市片面追求GDP，盲目地把发展经济放在首位而淡化了城市功能，有的甚至连最基本的城市基础设施都欠账，发展战略与功能定位的选择不切合实际。全国有100多个城市把发展目标定位为国际化大都市，打造"东方迪拜"。有30多个城市已经或正在谋划搞古城重建，搞潘金莲故居、阿房宫重建。不少城市为了一年一变样、几年大变样，由几个大房地产开发商搞建设，就像计算机复制功能键一样，拿一张图在各个城市搞粘贴。有的城市规划不连续，政府一换届、规划就换届。这些既不符合城市发展规律，也不符合人民利益。因此，在制订城市发展战略目标的时候，一定要结合自身的经济结构特点，制订切实可行的发展目标，确定适度规模，做到科学决策与可持续发展。

3. 城市的分类

城市的类型有许多划分方法。美国地理学家哈里在《美国的城市职能分类》将城市分为工业城市、综合城市、批发商业城市、运输业城市、矿业城市、大学城市、游览疗养城市7类。日本的经济学家把城市分为工业城市、商业城市、矿山城市、水产城市、交通运输城市、其他产业城市6类。联合国将2万人作为定义城市的人口下限，10万人作为划定大城市的下限，100万人作为划定特大城市的下限。

中国城市分类标准依据该城市的社会消费品零售总额、国内生产总值（GDP）、市区人口和工资确定。排序为：

(1) A类（特大型城市）：社会消费品零售总额在1000亿元以上，GDP在2000亿元以上，市区人口在550万人以上，职工年平均工资在16000元以上。有上海、北京、广州、深圳（共4个）。

(2) B类（大型城市）：社会消费品零售总额在300亿～1000亿元之间，GDP在500亿～2000亿元之间，市区人口在200万～550万人之间，职工年平均工资在8000元以上。有重庆、天津、杭州、南京、沈阳、济南、长春、哈尔滨、石家庄、长沙、成都、西安、昆明、郑州、福州、南昌、合肥、乌鲁木齐、大连、青岛（共20个）。

(3) C类（中型城市）：社会消费品零售总额在100亿～300亿元之间，GDP在100亿～500亿元之间，市区人口在100万～200万人之间，职工年平均工资在7000元以上。有太原、呼和浩特、贵州、兰州、海口、宁波、南阳等（共41个）。

(4) D类（小型城市）：社会消费品零售总额在50亿～100亿元之间，GDP在50亿～100亿元之间，市区人口在50万～100万人之间，职工年平均工资在6000元以上。

有银川、西宁、拉萨等（共 63 个）。

（5）E 类（其他城市）：社会消费品零售总额在 100 亿元以下，GDP 在 50 亿元以下，市区人口在 50 万人以下，职工年平均工资在 6000 元以下。有肇庆、莆田、嘉兴、淮阴、新余、丹东等（共 111 个）。

根据影响力和辐射范围，中心城市可划分为具有国际影响力的全国性城市（北京、上海）、跨省级影响力的地区性城市（天津、沈阳、哈尔滨、西安、成都、重庆、武汉、广州等）、省级中心城市、省内中心城市和县内中心城市 5 个级别。前两个级别的城市分别与 100 多个国家和地区建立了经济技术合作关系，大大提高了我国经济技术对外开放的整体水平。中心城市是工业生产中心、商品流通中心、交通运输中心、金融中心、信息中心、科学技术中心、文化教育中心。中心城市在现代市场经济中，市场主体（各类企业）集中，具有现代市场经济的内生优势；科技力量雄厚，具有开发适应市场需求产品的巨大潜力；主导产业外向化程度高，具有开拓国际市场的扩张力；基础设施较好，经济管理机构较健全，具有成为大市场、大流通中枢的条件。

4.1.2 城市带与城镇化

1. 城市带

自 20 世纪 50 年代简戈特曼（Jean Gottman）提出城市带的概念以来，在世界范围内出现了众多的城市带和准城市带，这引起了各国学者的普遍关注。城市带的形成和发展有其内在规律，是城市间经济和市场联系不断深化的结果，是由共同的区域历史文化支撑。

城市带是区域城市空间组织的最高形式和社会进步与创新的基地，是推动经济发展的传动器。城市带在各国经济发展中起着举足轻重的作用。美国东部城市带集中了美国总人口的三分之一和全国 70% 的制造业，我国东部沿海地带集中了全国 42% 的人口和国民生产总值的 51% 及工业产值的 65% 以上。

鉴于城市带的巨大功能及在区域发展中的作用，我国在"十一五"规划中首次提出："十二五"期间重点实施的"两横三纵"城市带，是构建以陆桥通道、沿长江通道为两条横轴，形成长江和陇海两个城市带；以沿海、京哈京广、包昆通道为三条纵轴，推进环渤海、长江三角洲、珠江三角洲地区的优化开发，形成东部及沿海、津港和京珠 3 个特大城市群。推进哈长、江淮、海峡西岸、呼包鄂（呼和浩特、包头、鄂尔多斯）、关中—天水、中原、长江中游、北部湾、成渝、贵昆等地区的重点开发，形成若干新的大城市群和区域性的城市群。

城市带（群）布局原则：（1）沿线有较密集的人口。（2）沿线能承载众多集聚上千万以上人口城市圈的资源条件，尤其是水资源和平地资源（包括平原、台地和缓丘）。

城市圈布局条件：（1）中心城市有 200km 以上的成片的平地资源（包括平原、台地和缓丘。（2）中心城市的经济距离（小于 100km）范围内已经集聚了上千万以上的人口）。（3）中心城市 100km 范围内有集聚上千万以上人口所需的水资源和平地资源（不少于 2000km²）。

我国一些地区区位优势明显，自然条件优越，开发历史悠久，是经济最为发达的地带和培育发展城市带的优选地带。虽然一些地区具备构建城市带的条件，但总体上仍难以与世界上成熟的城市带相抗衡，例如城市带发展轴、城市经济实力、城市间互动力等。在宏观上搞好城市带建设的同时，还要充分发挥核心城市的带动辐射作用。例如环渤海城市带的核心城市北京、天津，山东半岛的济南、青岛；长三角的核心城市上海、南京、杭州；珠三角的广州、深圳、香港；长江上游的成都、重庆，中游的武汉；陇海沿线城市徐州、郑州、兰州、乌鲁木齐等；京广沿线的石家庄、郑州、武汉、长沙、株潭、广州。还有以大连、沈阳、长春、哈尔滨为核心的哈大城市带。上述地区是我国政治经济文化的核心地带和经济活跃地区，有很好的外部经济效益，在我国经济总量中占有绝对的比重优势。这些城市有实力雄厚的科研教育机构，完备的各具特色的工业体系，发达的金融商贸、旅游、服务业，还有通达的铁路、公路、航运及航空运输业，以及近年发展起来的高铁、高速公路网络。核心城市相对成熟，辐射带动力强，并形成了若干发展轴，对整个地域都有拉动和支撑作用。

2. 城镇化

城市在国民经济和社会发展中起着主导作用。城镇化是社会生产力变革所引起的人类生产方式、生活方式和居住方式改变的过程。具体表现为：人口向城市转移；农业人口转化为非农业人口；农村地区逐步演化为城市地区；城镇数目不断增加；城市人口不断膨胀，用地不断扩大；城市基础设施不断提高；城市价值观和文化不断提高，并向农村推广。

构建"两横三纵"城市群的目的是通过这些城市群加快农民城镇化的步伐。推进城镇化是解决农业、农村、农民问题的重要途径，是推动区域协调发展的有力支撑，是扩大内需和促进产业升级的重要抓手，对全面建成小康社会、加快推进社会主义现代化具有重大现实意义和深远历史意义。

1）城镇化的目标和要求

2013年12月，中央召开了中华人民共和国成立以来首个城镇化工作会议，提出到2020年常住人口城镇化率达到60%左右（2022年末已达到65.22%）。

要求稳步提高户籍人口城镇化水平；大力提高城镇土地利用效率、城镇建成区人口密度；切实提高能源利用效率，降低能源消耗和二氧化碳排放强度；高度重视生态安全，扩大森林、湖泊、湿地等绿色生态空间比重，增强水源涵养能力和环境容量；不断改善环境质量，减少主要污染物排放总量，控制开发强度，增强抵御和减缓自然灾害能力，提高历史文物保护水平。

2）推进城镇化建设的基本原则

（1）以人为本。推进以人为核心的城镇化，提高城镇人口素质和居民生活质量，把促进有能力在城镇稳定就业和生活的常住人口有序实现市民化作为首要任务。

（2）遵循规律。遵循自然规律、经济规律及城市发展规律，以市场机制为基础，政府引导为辅，优化资源配置，提高配置效率。

（3）分类施策。因地制宜地确定城镇化建设的重点方向，避免"一刀切"，形成各具特色的发展路径。

（4）集约高效。促进城镇发展与产业支撑、就业转移、人口集聚相统一，构建科学合理的城镇化格局，推动城乡融合、区域协调发展。

3）重点任务

(1) 推进农业转移人口市民化

解决好人的问题是推进新型城镇化的关键，城镇化最基本的趋势是农村富余劳动力和农村人口向城镇转移。解决已经转移到城镇就业的农业转移人口落户问题，努力提高农民工融入城镇的素质和能力，提高高校毕业生、技工、职业技术院校毕业生等常住人口的城镇落户率。

(2) 提高城镇建设用地利用效率

人多地少是我国基本国情。要按照严守底线、调整结构、深化改革的思路，严控增量，盘活存量，优化结构，提升效率，切实提高城镇建设用地集约化程度。

(3) 建立多元可持续的资金保障机制

财力是城市发展的生命线。在设计财税体制包括税制时，要考虑人口城镇化因素。要完善地方税体系，逐步建立地方主体税种，使地方政府承担的公共服务有稳定的资金来源。要在合理划分中央和地方政府事权与支出责任基础上，进一步完善财政转移支付体系，建立财政转移支付同农业转移人口市民化挂钩机制。

(4) 优化城镇化布局和形态

推进城镇化，既要优化宏观布局，也要搞好城市微观空间治理。"两横三纵"的城镇化战略格局是全局、大局，各地区要坚定不移实施主体功能区制度，严格按照主体功能区定位推动发展和推进城镇化。

(5) 提高城镇建设水平

城镇建设水平关系居民生活质量和城市生命力。城市规划建设的每个细节都要考虑对自然的影响，更不要打破自然系统。文化是城市的灵魂，必须同步保护和弘扬传统优秀文化，延续城市历史文脉。

(6) 加强对城镇化的管理

城市的竞争力、活力、魅力，离不开高水平管理。要用科学态度、先进理念、专业知识去建设和管理城市。

4.1.3 城镇化的生态学分析

2013年12月，习近平在中央城镇化工作会议上强调"生态文明"，"着力推进绿色发展、循环发展、低碳发展，尽可能减少对自然的干扰和损害，节约集约利用土地、水、能源等资源"是城镇化建设需要把握的一条原则。要切实提高能源利用效率，降低能源消耗和二氧化碳排放强度；要高度重视生态安全，扩大森林、湖泊、湿地等绿色生态空间比重，增强水源涵养能力和环境容量；要不断改善环境质量，减少主要污染物排放总量，控制开发强度，增强抵御和减缓自然灾害能力，提高历史文物保护水平。

4.2 总物流分析

在宏观层面上，总物流分析的主要内容是在统计资料的基础上，全面盘点一个国家（或地区，下同）某一年内各种资源的投入量和它们在各方面的支出量，并与当年和前几年国内外的数据进行对比分析，目的是摸清情况，明确进一步搞好本国节能、降耗、减排工作的方向，提出建议，供决策者参考。

在微观层面上，对于企事业单位、家庭，甚至商品（或服务）等，可在若干简化条件下作总物流的分析。

有关物流分析的文献，可追溯到1968年Ayres等关于社会代谢方面的文章。自那以后，经过20多年摸索，1990年奥地利、日本分别提出国家级总物流分析报告，其他工业化国家也陆续开展相关研究，逐步走上正轨，编制年度分析报告。

近几年来，我国有些单位开展了总物流分析的研究，大多数偏重于物质投入量的分析，取得了一些成绩，为今后系统全面地进行国家级物流分析打下了基础。

本节只讲宏观层面上的总物流分析。

4.2.1 总物流模型

图4-1是一个国家第τ年的总物流模型。如图所示，第τ年投入的物流有三股，它们的流量分别是：

(1) $M_{1,\tau}$——国内资源量，其中包括国内从自然界取得的生物资源、非生物资源、水和空气；

(2) $M_{2,\tau}$——进口资源量，其中包括从国外进口的资源和各种产品；

(3) $M_{3,\tau}$——再生资源投入量，即在第τ年内回收回来的循环利用的资源量。

第τ年支出的物流有五股，它们的流量分别是：

(1) $M_{4,\tau}$——国内消费量；

(2) $M_{5,\tau}$——出口资源量，其中包括出口的资源和各种产品；

(3) $M_{6,\tau}$——国内物资净增量，其中包括新增的建筑物、基础设施、机器、交通工具等以及各种物资库存的净增量；

(4) $M_{7,\tau}$——污染物排放量，其中包括废气、废水、固废；

(5) $M_{8,\tau}$——再生资源产出量，其值与再生资源投入量相等（图4-1中未单独标出）。

关于隐藏流，见4.2.2节。

根据质量守恒定律，有

$$M_{1,\tau} + M_{2,\tau} + M_{3,\tau} = M_{4,\tau} + M_{5,\tau} + M_{6,\tau} + M_{7,\tau} + M_{8,\tau} \tag{4-1}$$

即，第τ年投入的各股物流量之和等于这一年支出的各股物流量之和。

需要说明的是，在国内资源量$M_{1,\tau}$一项中，水和空气虽然是不可缺少的重要资源，由于它们的用量比其他资源的总用量大得多（大许多倍），最好单独考虑，一般不把它们列入总物流之内。而在污染物排放量$M_{7,\tau}$中，只能计入从其他资源（除水和空气之外的各种资源）转移到废气、废水和固废中的物质量。

表4-1是第τ年国家级物流平衡表。表中：

$$\sum M'_{\tau} = M_{1,\tau} + M_{2,\tau} + M_{3,\tau} \tag{4-2}$$

即第τ年的资源总投入量。

$$\sum M''_{\tau} = M_{4,\tau} + M_{5,\tau} + M_{6,\tau} + M_{7,\tau} + M_{8,\tau} \tag{4-3}$$

即第τ年的资源总支出量。

且

$$\sum M'_{\tau} = \sum M''_{\tau} \tag{4-4}$$

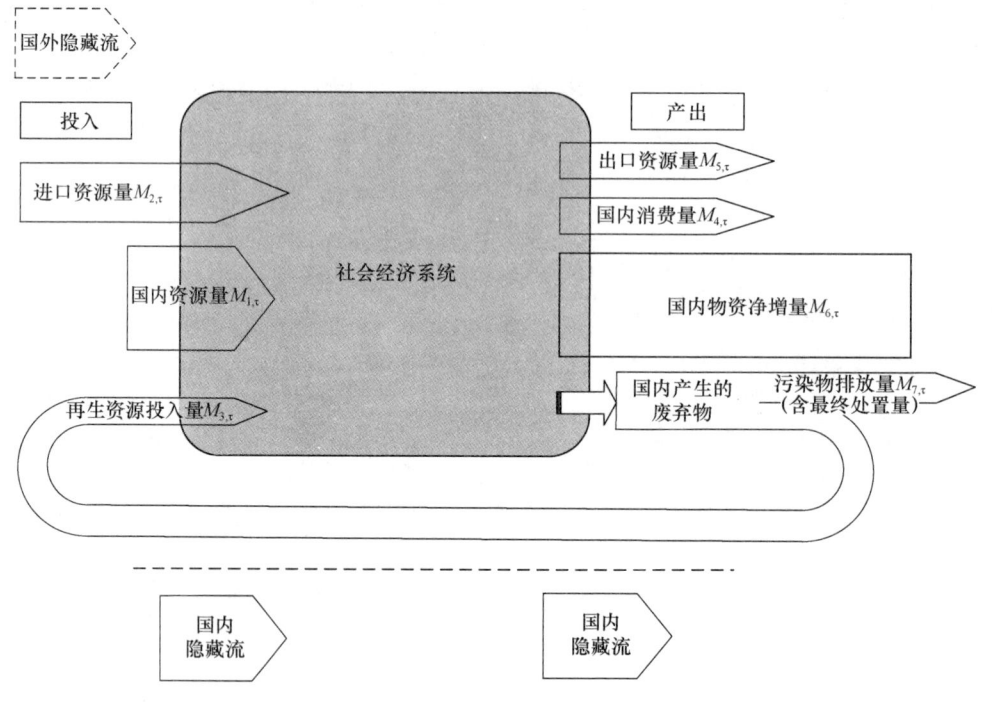

图 4-1　总物流模型（第 τ 年）

表 4-1　第 τ 年国家级物流平衡表

投入			支出		
名称	数量	比例（%）	名称	数量	比例（%）
①国内资源	$M_{1,\tau}$	$m_{1,\tau}$	④国内消费	$M_{4,\tau}$	$m_{4,\tau}$
②进口资源	$M_{2,\tau}$	$m_{2,\tau}$	⑤出口资源及产品	$M_{5,\tau}$	$m_{5,\tau}$
③再生资源投入	$M_{3,\tau}$	$m_{3,\tau}$	⑥国内净增物资	$M_{6,\tau}$	$m_{6,\tau}$
			⑦污染物排放	$M_{7,\tau}$	$m_{7,\tau}$
			⑧再生资源产出	$M_{8,\tau}$	$m_{8,\tau}$
总投入	$\sum M'_\tau$	100	总支出	$\sum M'_\tau$	100

表 4-1 还列出了各投入物流在 $\sum M'_\tau$ 中的占比以及各支出物流在 $\sum M'_\tau$ 中的占比。其中 $m_{1,\tau}$、$m_{2,\tau}$、$m_{3,\tau}$ 分别为国内资源、进口资源、再生资源投入比例；$m_{4,\tau}$、$m_{5,\tau}$、$m_{6,\tau}$、$m_{7,\tau}$ 和 $m_{8,\tau}$ 分别为国内消费、出口、物资净增、污染物排放、再生资源产出比例。

在总物流分析中，对这些比例与它们之间的关系，要进行全面分析研究。

参照图 4-1、表 4-1，以统计资料为基础，即可分别绘制一个国家第 τ 年的物流图及编制相应的物流平衡表。

4.2.2　隐藏流

隐藏流（Hidden Flows）是指在资源开采过程中所必须开挖的，但又没有进入市场和产品制造过程的开挖量，又称"非使用开挖量"。例如，为了开采铁矿石就必须剥离大量岩石，后者并未直接进入钢铁产品的生产过程，更没有作为商品进入消费过程。

隐藏流包含国内隐藏流和国外隐藏流。国内隐藏流会对本国的环境造成影响，国外隐藏流并不对本国环境造成影响，但对进口国的环境会造成影响。

隐藏流系数是指资源开采过程中的总采掘剥量与产品自身质量的比值。如我国生产铁矿石，巷道开挖的隐藏流系数约是铁矿石自身质量的四倍（表4-2）。即

$$\text{铁矿石巷道开挖隐藏流系数} = \frac{\text{铁矿石总采掘剥量}}{\text{铁矿石总成品矿量}} \tag{4-5}$$

表 4-2 中国铁矿石隐藏流

采掘剥量 (t)	采矿量（t）			剥离量 (t)	掘进量			其他采掘剥量 (t)
	合计	坑下	露天		t	m	m³	
1.15×10^{10}	4.06×10^9	3.30×10^9	7.56×10^9	7.20×10^9	1.89×10^8	7.795×10^7	2.097×10^8	7.03×10^7

注：以2023年为例，我国该年铁矿石总成品矿量为 2.87×10^9 t。

隐藏流与资源的特点、生产方式、生产力等水平有关。因此，不同国家隐藏流系数并不相同，同一国家内不同区域之间也不尽相同，同一国家或地区不同时期内的隐藏流也会有所差别。我国目前没有各类物质隐藏流的实测数据。表4-3 中数据是文献（"Industrial Metabolism-Concept and Implications for Statistics" "Economy-wide Material Flow Accounts and Derived Indicator：A Methodological Guide"《台湾物质流之建置与应用研究初探》）中关于一些物质隐藏流系数的估算。

表 4-3 我国物质隐藏流计算方法

国内物质（种类）	每吨物质的隐藏流（t）	估算方法使用地区	国内物质（种类）	每吨物质的隐藏流（t）	估算方法使用地区
化石燃料			铬	3.20	日本
煤	18.62	日本	锌	2.36	德国
金属矿物			钨	61.30	德国
金	666666.67	中国台湾	钼	665.00	日本
银	14265.00	日本	钛	232.00	德国
铁	1.80	德国	锑	12.60	德国
锰	2.30	德国、美国	工业矿产品		
铜	2.00	德国	砂	0.02	美国
铝	0.48	世界平均值	大理石	3.00	中国台湾
镍	17.50	德国	石灰石	4.00	中国台湾
铅	2.36	德国	成品和半成品	4.00	中国台湾
锡	1448.90	德国			

魏兹舍克（Weizsaecker）提出了一种有趣的与隐藏流类似的概念——生态包袱（Eco-Rucksack）。产品的生态包袱为生产这种产品所投入的自然资源量（包括直接的和间接的投入，一般情况下只考虑固体物质投入）与产品自身质量的差值。通常，产品的生态包袱大于其隐藏流。表4-4 给出了多年前 Ericsson 公司生产的一部 T28 型手机的生态包袱。一部 Ericsson 的 T28 型手机，质量不过 80g，可是它的生态包袱却是 30kg。

表 4-4 Ericsson T28 型手机的生态包袱

投入原料	质量（g）
银	982.5
铝	15.39
铜	5015
镍	69.5
铁	27.66
硅	6534.95
锰	138
锌	15.59
铅	0.71
金	14.15
玻璃纤维	45.32
一般塑料	1247
说明书用纸	1500
包装	255
其他复合材料	14546.88
总计	30407.65
手机的生态包袱	30408－80＝30328

4.2.3 主要指标

1. 再生资源投入比例

再生资源投入比例是指再生资源投入量在资源总投入量中所占的比例。即：

$$m_{3,\tau} = \frac{M_{3,\tau}}{M_{1,\tau} + M_{2,\tau} + M_{3,\tau}} = \frac{M_{3,\tau}}{\sum M'_\tau} \quad (4-6)$$

由式（4-6）可知，再生资源投入比例与再生资源投入量成正比，与资源总投入量成反比。在资源总投入量一定和没有再生资源出口的情况下，可供回收的再生资源比例越高，再生资源投入比例就越高。在再生资源投入量一定的情况下，再生资源投入比例与资源总投入量成反比，即再生资源投入比例随资源总投入量的变化而变化。

再生资源投入比例与一个国家或地区资源投入的类型和总量的变化有关，其与回收物资的种类、废物回收体系装备、工艺技术和管理水平等的因素有关。在回收物资一定的情况下，废物回收体系越完善、废物再生工艺技术越先进、管理水平越高，越有利于再生资源的回收。

2. 资源生产力

资源生产力（P）是指单位天然资源（国内资源量 $m_{1,\tau}$ 和进口资源量 $m_{2,\tau}$）消耗所创造的经济价值（采用 GDP 或 GNP 指标）即：

$$P_\tau = \frac{\text{GDP}}{m_{1,\tau} + m_{2,\tau}} \quad (4-7)$$

式中，P_τ 为第 τ 年的资源生产力，万元/t。

通常，资源总投入量在工业化时期逐步提高，其再生资源量较少，所需天然资源量较大，资源生产力不会很高。后工业化时期，由于再生资源量的增加及资源总投入量的降低，所需天然资源量有所降低，在所创造的经济价值相同的情况下，资源生产力相对提高。此外，经济结构、技术水平等对资源生产力影响较大，资源生产力随经济结构中第三产业比重的增大而提高。

若在资源总投入量中减去再生资源投入量，则式（4-7）可变换为：

$$P_\tau = \frac{\text{GDP}}{\sum M'_\tau - M_{3,\tau}} = \frac{\text{GDP}/\sum M'_\tau}{1 - m_{3,\tau}} = \frac{P'_\tau}{1 - m_{3,\tau}} \tag{4-8}$$

式中，P'_τ 为第 τ 年总资源生产力，万元/t。

由式（4-8）可知，在总资源生产力一定的情况下，再生资源投入比例越大，资源生产力越高，所用天然资源越少。

为了提高资源生产力，可以采用调整产业结构、淘汰落后生产能力、提升技术水平、发展循环经济和加快再生能源的开发利用等措施。

3. 最终处置量

最终处置量是指那些无法再利用和再循环、必须进行最终处置（如填埋）的废弃物的物质量。

我们的努力方向是尽可能减少最终处置量，使资源得到最充分的利用。

最终处置量与废物的种类和数量、废物处理的技术水平等密切相关。生产和生活所产生的废物并不能全部资源化利用，有些废物即使技术上可行，但不经济，也未被资源化利用。无论如何，要通过加强资源综合利用，尽可能地减少废物的最终处置量。

4.2.4 再生资源

1. 再生资源的种类

再生资源可划分为两类：

（1）在工业制品报废或抛弃后回收再生资源，如废金属、废纸、废塑料、废玻璃等（Ⅰ类）。这类再生资源大多可在同一工业部门内循环利用很多次。例如，冶金工业生产的合格金属使用变成废金属后，仍可回到冶金工业中加以利用，重新成为合格的金属，如此往复循环。

（2）在工业生产过程中产生的再生资源，如粉煤灰、高炉渣等（Ⅱ类）。这类再生资源只能把它们作为生产其他产品的原料而不可循环。例如，粉煤灰没有循环利用的价值，但它是生产水泥或其他建材的原料。

在一个国家第 τ 年的总物流模型中，再生资源量这一项是该年度在国内产生的以上两类再生资源量之和，其中不包括从国外进口的再生资源，这是因为它已计入进口资源量之中。

2. 再生资源的来源和数量

如上所述，第Ⅰ类再生资源是报废的各种工业制品经拆解、收集等工序回收而来。因此，第 τ 年该类再生资源的回收量（即投入量）取决于该年国内各种工业制品的报废量、报废制品中再生资源的含量和再生资源的回收率。

只要已知这些制品的平均使用寿命（$\Delta\tau$ 年），即确定这些制品来自第 $\tau-\Delta\tau$ 年。通常，其制造过程中所用的原材料等资源也是这一年投入的。

由此可见，第 τ 年该类再生资源的回收量，与第 $\tau-\Delta\tau$ 年的资源投入量密切相关。若设钢铁制品的平均使用寿命为 15 年，在其他条件不变的情况下，15 年前钢铁资源的投入量越多，今年的废钢量就越多。

第 Ⅱ 类再生资源是在工业生产过程中产生的。因此，第 τ 年该类再生资源的回收量（也就是投入量）仅取决于这一年该类再生资源的产生量和回收率，与历史数据无关。

不过，若历年有积累下来的存量，则第 τ 年该类再生资源的回收量也可能大于同年的产生量。

思政小结

城市在工业发展与生态学需求中扮演着重要的角色。一方面，城市是现代工业发展的重要载体，为工业生产提供了充足的人力资源、技术支持和市场需求。但另一方面，城市也需要保护生态环境和提高生态素质，以实现可持续发展。因此，城市在工业发展与生态学需求中需要充分发挥其作用。

首先，城市需要加强环境保护和生态建设，以提高生态素质和生态环境的质量。城市可以通过加强污染防治、推广清洁能源、加强垃圾处理等措施，减少环境污染和生态破坏，提高城市的生态品质和生态环境的质量。其次，城市需要积极推动绿色发展和可持续发展，以促进工业发展和生态需求的协调发展。城市可以通过制定环保政策、推广绿色技术、建设生态城市等方式，促进产业结构升级，优化资源配置，实现经济效益和环境保护的双赢。最后，城市需要加强公众意识和参与，以实现工业发展与生态需求的共同推进。城市可以通过加强环境教育、推广环保文化、开展环保宣传等方式，提高公众环保意识和参与度，共同推动工业发展和生态需求的协调发展。

综上所述，城市在工业发展与生态学需求中具有重要作用，需要充分发挥其作用，实现工业发展和生态需求的协调发展，为实现可持续发展做出更大贡献。

思考题

1. 你觉得城市还可以怎样分类？分类的因素是什么？
2. 中国为什么要实施"两横三纵"城市带？
3. 试述城镇化的作用及要求。
4. 试述城市发展过程中的生态学需求。
5. 如果运用总物流分析方法对你所在的城市进行总物流分析，具体需要哪些步骤？数据收集环节中需要收集哪些数据？如果可能的话，尝试着对你所在的城市的总物流进行分析。
6. 你觉得总物流分析方法还存在哪些问题有待于进一步改进？
7. 关于再生资源你有哪些可利用的方法？

5 系统动力学分析

教学目标

教学要求：通过世界模型实例，掌握系统动力学概述及特点，系统动力学在决策中的应用，厘清系统动力学中的因果关系和反馈回路。

教学重点：系统动力学概述及特点分析，知晓系统动力学中的因果关系和反馈回路。

教学难点：系统动力学中的因果关系和反馈回路的正确分析。

5.1 系统动力学概述及特点

系统动力学（System Dynamics，简称 SD）是系统科学和管理科学的分支，是一门分析研究信息反馈系统的学科，是一门认识和解决系统问题的交叉性、综合性的学科，也是一门沟通自然科学和社会科学等领域的横向学科，由美国麻省理工学院福瑞斯特教授于 1956 年创立。

系统动力学鲜明地表明了系统、辩证的特征，强调系统、整体和联系、发展、运动的观点。系统动力学基于系统论，汲取控制论、控制理论与信息论的精髓。系统动力学分析解决问题的方法是定性与定量分析的统一，以定性分析为先导，定量分析为支持，两者相辅相成，它从系统内部的机制、微观结构入手，剖析系统进行建模，借助计算机模拟技术来分析研究系统内部结构与其动态行为的关系，并寻觅解决问题的对策。因此，系统动力学模型可视为实际系统的实验室，特别适于分析解决社会、经济、生态和生物等非线性复杂大系统的问题。

系统动力学涉及了系统和动力学问题两个关键要素。系统论是系统动力学的基础，系统被定义为：一个由相互区别、相互作用的诸元素有机地联结在一起，而具有某种功能的集合体，通常一个系统包含物质、信息和运动（可以包括人及其活动）三部分。动力学问题主要体现在两个方面：一是它是动态的，包含的量是随时间变化的，能以时间为坐标的图形表示；二是它包含了反馈概念，这一点在后续将讨论。

综合上述，系统动力学包含五大特点：

（1）系统动力学是一门可用于研究处理社会、经济、生态和生物等高度非线性、高阶次、多变量、多重反馈、复杂时变大系统问题的学科。它可在宏观与微观的层次上对复杂、多层次、多部门的大系统进行综合研究。

（2）系统动力学的研究对象主要是开放系统。它强调系统的观点，联系、发展与运动的观点，认为系统的行为模式与特征主要根植于其内部的动态结构与反馈机制。

（3）系统动力学研究解决问题的方法是一种定性与定量结合，系统分析、综合与推理的方法。尽可能采用"白化"技术,把不良结构尽可能相对地"良化",其模型模拟是一种结构-功能模拟。

(4) 规范的模型,它是社会经济一类系统的实验室。系统动力学最引人注目的特点之一是它的模型从总体上看是规范的,变量按系统基本结构的组成加以分类,尽管在辅助方程中可能含有半定量、半定性或定性的描述部分。规范的模型便于人们清晰地沟通思想,对存在的问题进行剖析和对政策实践进行假设;便于处理复杂的问题,能一步步可靠地把假设中任何隐含的零乱与迷津追索出来,而不带有人们言辞上的含糊、情绪上的偏颇或直观上的差错。

(5) 系统动力学的建模过程便于实现建模人员、决策者和专家群体的三结合,便于运用各种数据、资料、人们的经验与知识,也便于汲取、融汇管理学科、其他系统学科与其他科学理论的精髓。

5.2 系统动力学在决策中的应用

西方世界经济结构的变革,使工业经济的时代让位于知识经济的时代,在此时代背景下,对世界和我国未来加强整体性和综合性研究显得尤其必要。系统动力学是一门软科学,是未来研究的理想工具,适用于研究世界级、国家级以及区域级的问题,而且可应用于企业和经济个体的实际问题中。

系统动力的应用主要集中在以下方面:

1. 在宏观、中观社会经济问题方面的研究

系统动力学能够根据宏观社会的经济变量的相互作用,建立大规模的模型,进行动态模拟分析,它还可以进行人机交互和政策模拟,因此又被称为政策实验室,其中最典型的研究有:

(1) 世界模型的研究。即罗马俱乐部学派于20世纪70年代运用美国麻省理工学院斯隆管理学院的系统动力学 WORLD Ⅲ 模型对世界经济增长所带来的一系列严重问题进行研究。在当今世界,以中国为代表的发展中国家经济的增长与崛起,使世界原有经济、资源格局受到挑战。可以预见,用系统动力学建立新的世界模型,去研究冷战结束后的经济增长、资源消耗、大国格局变化可能导致的对全球性的社会、政治、军事、经济、生态环境的复杂影响与变化,应该会有重大现实意义。

(2) 国家模型的研究。最典型的研究属美国动力学国家模型,以及国内"2000年的中国"重大项目研究中的系统动力学模型。美国系统动力学国家模型可以揭示社会的生产、消费、财政、家庭、劳动力和政府的行为过程。通过模型的模拟,可以演绎美国200年的社会、经济发展过程,证实了美国和西方经济中存在的长波,预见了美国和西方的经济危机,解释了西方经济衰退、通货膨胀、滞胀及周期等问题。在我国,"2000年的中国"研究是一项复杂的研究工作,历来对我国经济、社会、科技和生态问题较偏重于定性、局部的研究,显然,对这一类问题仅有定性的研究是不够的,只有同时开展定量、全局性的研究才能深入地进行分析与比较。由于系统动力学具备前面已述及的特点,所以它已在该项目的研究工作中发挥了很好的作用。

2. 在产业与行业经济问题方面的研究

系统动力学被广泛应用于研究产业经济的发展问题和产业结构演化问题，比如将投入产出模型与系统动力学结合起来研究产业经济问题。

(1) 资源、能源、生态环境与可持续发展问题的研究

系统动力学已被广泛应用于资源、能源、生态环境与可持续发展问题研究。近年来，国内在这方面研究的文章很多，且分布在自然科学、工程科学及管理类期刊。比如，研究经济发展、人口增长与环境、生态、资源（土地、水资源）承载能力问题；研究能源发展问题；研究海洋生态问题；研究水土保持问题，等等。

(2) 区域与城市发展规划问题的研究

系统动力学从20世纪60年代就被应用于城市发展问题的研究。系统动力学对于城市问题的研究着眼于城市经济、建设、人口、空间、交通等因素的相互作用与协调发展。因此，可通过建立模型，动态模拟城市发展的政策，进行城市规划的制定等。

(3) 在企业管理问题方面的应用研究

系统动力学是在对于企业管理的研究中诞生的，特别适用于沿企业价值链与物流进行的分析与研究，近年来被广泛应用于以下几方面：

① 物流与供应链问题的研究。供应链的高效取决于物流与信息流的协调，系统动力学中的物质流、信息流的概念非常有利于描述供应链问题，因此，在供应链动态模拟分析与诊断、协调、优化与决策研究中是一种非常有效的理论与方法。同时，也可以通过研究供应链上下游的企业与产业组织网络的构成，对企业的并购与重组等决策问题进行模拟分析研究。

② 学习型组织的研究。如前所述，美国麻省理工学院将系统动力学应用于组织研究中，提出了以系统思考为核心，包含共同脑力模型、共同前景、团队学习、自我超越等"五项修炼"的学习型组织理论。所谓系统思考，就是一种基于系统动力学理论，运用系统动力学基本模型的动态整体思考，是一种反对传统管理学机械式、形而上学的思维方式。不同的组织将会面对不同的问题，对于组织的问题进行系统思考，运用系统动力学基本模型和系统动力学建模与模型的模拟分析工作，去指导建立团队的共同脑力模型，将是提高组织效率、转变成学习型组织的关键。

③ 其他企业管理问题研究。用系统动力学建立模型，可以模拟分析研究下列问题：企业从兴盛到发展或破产的过程；由于大量未经训练的员工流入而带来企业发展的停滞；企业快速创新的同时如何保证产品品质；在市场分析与预测方面，例如对于汽车市场的预测与市场结构的研究；企业技术创新与项目管理评价的研究；科研项目管理、软件开发项目中度量的研究打破传统统计方法的局限，等等。

未来系统动力学在我国研究的重点是：伴随着工业化发展，我国的经济增长会出现城市化问题，城市发展中的经济、人口、交通、建筑、环境的协调需要动态整体的长期规划。因此，系统动力学可以广泛应用于城市发展、城市规划问题的研究。同时，城市化伴随着信息化，使物流与供应链系统发生了巨大的变化。将系统动力学应用于供应链的分析诊断与优化，是重要的研究方向。

系统动力学解决问题的主要步骤可分为五步：

第一步，用系统动力学的理论、原理和方法对被研究的对象进行系统、全面的了

解、调查分析。

① 调查收集有关系统的情况与统计数据；
② 了解用户提出的要求、目的以及明确所要解决的问题；
③ 分析系统的基本问题与主要问题、基本矛盾与主要矛盾、变量与主要变量；
④ 初步划定系统的界限，并确定内生变量、外生变量、输入量；
⑤ 确定系统行为的参考模式。

第二步，进行系统的结构分析，划分系统层次与子块，确定总体的与局部的反馈机制。

① 分析系统总体的与局部的反馈机制；
② 划分系统的层次与子块；
③ 分析系统的变量、变量间关系，定义变量（包括常数），确定变量的种类及主要变量；
④ 确定回路及回路间的反馈耦合关系，初步确定系统的主回路及它们的性质，分析主回路随时间转移的可能性。

第三步，建立定量的规范模型，运用绘图建模专用软件建立定量、规范的模型。

① 确定系统中的状态、速率、辅助变量和建立主要变量之间的数量关系；
② 设计各非线性表函数和确定、估计各类参数；
③ 给所有方程与表函数赋值。

第四步，模型模拟与政策分析。

① 以系统动力学理论为指导进行模拟与政策分析，进而更深入地剖析系统的问题；
② 寻找解决问题的方法，并尽可能付诸实施，取得实践结果，获取更丰富的信息，并发现新的矛盾与问题；
③ 修改模型，包括结构与参数的修改。

第五步，检验评估模型。

5.3 系统动力学中的因果关系和反馈回路

5.3.1 因果与相互关系

在模型构思的初始阶段，为了后续便于与不熟悉系统动力学的人员交流讨论，需要建立因果与相互关系回路图，如图 5-1 所示。图中个别因果链可标明其影响作用的性质，正号表示箭头指向的变量将随箭头源发变量的增加而增加、减少而减少，负号表示变量间取与此相反的关系。

因果与相互关系图简明易懂，其在使用时应尽可能遵循以下建议避免在应用时犯错误：

① 把因果与相互关系图中的变量设想为能增减的量，暂不必担心是否能以现有的单位和量纲去度量。
② 尽可能确定变量的量纲，必要时可自行创造一些。比如，某些心理学方面的变量，不得不采用诸如精神上的"压力"单位。确定量纲有助于突出因果与相互关系图中的文字叙述的含义。

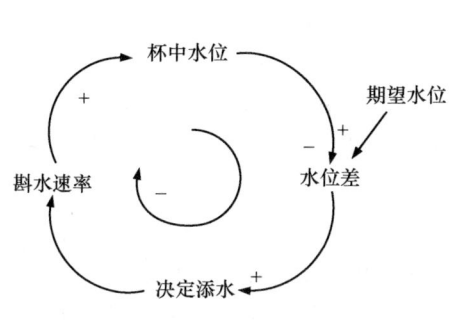
(a) 斟水速率与水位差之间

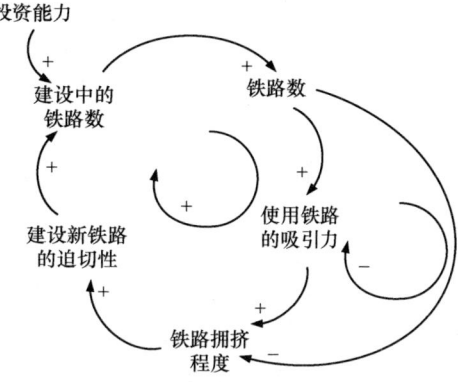
(b) 铁路拥挤程度与建设中铁路数之间

图 5-1 因果与相互关系图

③ 尽可能定义变量本身为正值。不把诸如"衰减""衰退""降低"一类定义为变量。由于"衰退"的增长或"降低"的上升的说法将令人费解，而且当检验因果链的极性与确定回路的极性时，将使人目眩。

④ 如果某因果链需加以扩充，以便更详尽地反映反馈结构的机制，则毫不犹豫地将其扩充为一组因果链。

⑤ 反馈结构应形成闭合回路。

5.3.2 反馈的基本概念

在 5.1 小节中给出了"系统"的基本定义，即"系统是相互作用单元的复合体"。系统内同一单元或同一子块输出与输入间的关系称为"反馈"。对整个系统而言，"反馈"指系统输出与来自外部环境的输入关系。反馈可以从单元或子块或系统输出直接联至其相应的输入，也可以经由其他单元、子块，甚至其他系统实现。

日常生活中的"反馈"现象比比皆是。例如，空调设备为维持室内温度，需要由热敏器件组成的温度继电器与冷却（或加热）系统联合运行。由前者担负室内温度的检测，并与给定的期望室温加以比较，然后将信息反馈至控制器，使冷却（或加热）器的作用在最大与关停之间进行调节，从而实现控制室温的目的，其中温度继电器就是反馈器件，该过程的信息馈送就是信息反馈作用。

5.3.3 反馈系统与反馈回路

1. 反馈系统

反馈系统是包含有反馈环节与其作用的系统，受系统自身的历史行为影响，将历史行为的后果回馈给系统本身，影响系统未来的行为。

以空调设备为例，空调设备是由温度继电器与冷却器（或加热器）、泵、送风机（或热辐射）等组成的一个反馈系统，其反馈关系如图 5-2 所示。

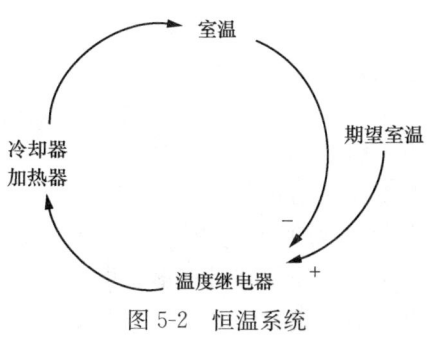

图 5-2 恒温系统

按照反馈过程的特点,反馈可自然划分为正反馈和负反馈两种。正反馈的特点是能产生自身运动的加强过程,在此过程中运动或运动所引起的后果将回馈,使原来的趋势得到加强;负反馈的特点是能自动寻求给定的目标,未达到(或者未趋近)目标时将不断作出响应。具有正反馈特性的回路称为正反馈回路,具有负反馈特点的回路则称为负反馈回路(或称寻的回路)。分别以上述两种回路起主导作用的系统称之为正反馈系统与负反馈系统(或称寻的系统)。

2. 反馈回路

如图 5-2 所述的恒温系统是简单的反馈系统,其形成闭合的回路(或称环),称之为反馈回路(或反馈环)。可见,反馈回路就是由一系列因果与相互作用链组成的闭合回路或者说是由信息与动作构成的闭合路径。

3. 反馈回路和反馈系统之间的关系

反馈系统就是相互联结与作用的一组回路;或者说反馈系统就是闭环系统。单回路的系统是简单系统,具有三个回路以上的系统是复杂系统。反馈系统比较常见,生物的、环境的、生态的、工业的、农业的、经济的和社会的系统都是反馈系统。

5.4 世界模型实例

1968 年 4 月,意大利经济学家 Aurelio Peccei 召集来自 10 个国家的 30 名科学家、经济学家、文学家、教育学家、企业家在罗马聚会,探讨未来人类面临的问题与困境。这次会议促成罗马俱乐部的成立,这是一个非正式的组织,称为无形的学院,其宗旨在于促进人类对其所生活的全球系统的各种独立变化的组成部分社会、经济、政治和自然的认识,促使地球上的决策者能注意到这些相互影响、相互作用的错综关系,从而对世界产生新的认识与理解,并促使新政策的诞生和实施。20 世纪 70 年代初,罗马俱乐部的成员发现:世界工业生产呈指数增长趋势,而金融与经济的周期性衰退、通货膨胀、人口迅速增长、城市人口发展失控、就业困难、非再生自然资源消耗指数式增长、资源储备日渐枯竭、生态环境恶化等一系列棘手的世界难题。对此,罗马俱乐部试图探索产生这些问题的原因,寻求未来世界与人类摆脱困境的出路。然而,鉴于当时人们惯用的研究方法与工具都是从单项目因素着眼入手,既不能认识整体大于各部分之和的系统的整体性质,又在非线性、高阶次、多重反馈系统前束手无策,难以回答这一复杂的巨大系统问题,于是罗马俱乐部将目光转向于 20 世纪 50 至 60 年代已在工业企业管理与城市问题应用研究方面崭露头角的系统动力学,并于 1970 年夏天,介绍了世界模型的雏形——WORLD Ⅱ。

世界模型建立的指导思想如下:

① 世界系统面临新的压力,人们为世界前景感到困惑和忧虑。世界系统包括社会、经济、科技和生态环境等方面。各部分之间存在各种力的作用,从而导致系统中各种变量的变化,增长或衰退。

② 随着现代化通信技术的发展,各区域间社会、政治、经济、军事的联系增强,相互影响和作用与日俱增,世界的整体性越来越强,整个世界是一个极其复杂的、超规模的巨型信息反馈系统,昔日那种把世界各国、各地区视作彼此无关的观点已经陈旧

过时。

③ 世界上发生的事件与现象均隐含一定的因果相互作用关系，究其原因源于世界内部、根植于相应的信息反馈机制。

④ 世界上各种增长着的因素、力量与客观条件之间的矛盾与斗争始终存在。世界总是处在从不平衡、矛盾、斗争，达到新的平衡，然后再产生新的不平衡与矛盾。从旧的平衡过渡到新的平衡的途径有待人们去探索。

⑤ 人类对未来世界可能发生的可怕灾难应早有所洞察和警觉，自觉、有预见地采取有效措施，否则在未来的某个时期，严重的恶果将突然来袭。

⑥ 世界系统是开放系统，但在短期内可考虑为封闭系统。

世界模型模拟结果的基本结论是当世界范围内人口、工农业和生态破坏指数呈增长与加剧的趋势时，将受到种种客观条件的限制，世界的未来发展应逐渐过渡到某种均衡发展状态。具体结论如下：

① 工业化所带来世界的进步是人口增长的基本要素。

② 世界若按西方工业化的模式发展下去，到 21 世纪人类将面临：

a. 自然资源日渐枯竭引起工业发展衰退；

b. 污染严重加剧导致人口下降；

c. 人均食物的降低也将导致人口下降；

d. 指数式增长带来的物理与心理上的拥挤，造成不利的社会压力。

③ 尽管由于世界的不平衡发展，存在落后与贫穷的地区与国家，然而按人均拥有财富看，20 世纪已是世界的黄金时代。

④ 没有充分论据可以使人相信，不发达、落后的国家可以达到西方先进工业化国家的发展水平。

⑤ 不发达国家不应重蹈西方发达国家所走过的工业化道路。发达国家将面临种种阻碍，不发达国家应想方设法加以避免。

思政小结

系统动力学是一种分析系统结构、行为和演化规律的数学模型分析方法。将系统动力学应用于工业生态学中，可以分析工业系统与环境、社会的相互作用，研究工业发展与生态环境的协调发展。首先，工业生态学系统动力学分析可以揭示工业系统与环境、社会的相互作用。通过构建系统动力学模型，可以分析工业系统的结构、行为和演化规律，研究工业发展对环境和社会的影响，提高人们对工业生态系统的认识和理解。其次，工业生态学系统动力学分析可以研究工业发展与生态环境的协调发展。通过分析工业系统的结构和行为，可以研究工业发展与生态环境的关系，探究工业发展与生态环境的协调发展路径，促进工业发展与生态环境的协调发展。最后，工业生态学系统动力学分析可以提高人们的环保意识和责任感。通过引导学生了解工业生态学和系统动力学的理论和应用，可以增强学生的环保意识和责任感，强调可持续发展的重要性，培养学生的创新精神和实践能力。

 **思考题**

1. 从熟知的日常事物中识别反馈结构,解释它们所基于的反馈回路与结构。

2. 针对饮食、睡眠、学习等日常活动,思考与其关联的事件、决策和行为,画出反馈回路。

6 工业产品生命周期评价

> **教学目标**
>
> **教学要求**：了解和掌握生态足迹、碳足迹和生命周期评价的概念及特征。
> **教学重点**：生态足迹的计算方法和产品碳足迹的核算方法。
> **教学难点**：正确计算碳足迹及生态足迹。

6.1 生态足迹

6.1.1 生态足迹定义

生态足迹（Ecological Footprint，EF）是指人类活动在研究领域所消耗的所有生态资源和服务与消化所产生的资源垃圾所需的生物生产性面积的综合，是一种基于生物学的物理效应测定可持续发展程度的概念与方法。生态足迹通过度量人类对自然资源的利用程度与区域内生态系统供给之间的比较，通过与区域的实际生态供应能力对比，可以为评价区域经济发展在可承受能力的安全范围内，也就是用定量的方法来度量区域的可持续发展水平。

总体来说，生态足迹反映了人类对地球资源的利用，同时也是以土地面积作为衡量人类对自然资本的消耗和可提供的资源的衡量标准。

6.1.2 生态足迹理论

生态足迹理论是以生态生产用地面积作为一个综合评价指标，综合反映人类对自然环境的多个层面的影响，从而为可持续发展提供一个合理的衡量标准。生态足迹理论以其鲜明的符号化、通俗易懂、国际通行的理论体系，在各个地区、不同的土地类型上都有着很好的适应性，已逐渐被世界各国所广泛采用。

生态足迹的理论与计算假定包括以下几个方面：

（1）人类活动所产生的生产性消费是可以被量化和追踪的。即可以测定出人类活动所消耗的资源和所排放的废物，并能清楚地记录相关的消耗量和排放量，且能准确、可靠地进行查询、比较。

（2）某种特定种类的资源和废物消耗可以转换成相应的生物生产用地。

（3）即使各生态生产性土地的生产力不同，也可以转化为统一的标准化面积计算——全球公顷。

（4）不同类型的土地之间存在着相互排斥的关系。如耕地用地不能转化为林地、草地等其他类型的土地，以避免重复计算，所获得的资源和废物利用的土地面积加起来就是整个区域的生态足迹。

（5）自然生态供给的总量可以用对应的土地面积来计算所有的自然资源。

（6）人的活动所供给生产物品的所有生态生产用地的总和，可以超过自然环境所能提供的所有土地之和。

6.1.3 生态生产性土地

生态足迹是对不同自然资本进行统一度量的依据，在生态足迹的计算与分析中，通常采用具有生产力的生态生产性土地的概念来表达自然资本。而在生态生产性土地的概念的基础上，还衍生了生态足迹的相关计算指标的定义。我们根据不同区域土地的生产力差别，将所有的土地分为六大类，如下：

1. 耕地

各种类型的土地中，最具生产力的是耕地，它为人类提供了大量日常生活所需的有机物质。单位面积产量往往能表示耕地所具备的生产力。

2. 草地

草地的生产力主要由畜牧业的生产力体现，但其生产力要低于耕地。其一，由于它比耕地累积的生物量要稀少，其二，因为食物链的每级只能传递能量逐级减少，从而导致可利用生物量同步减少。

3. 林地

供木材等一系列产品的天然林以及人造林，被誉为"地球之肺"，涵盖着丰富的物种与多样的功能。但因为早年间人类过度开发了森林资源，除去一部分热带丛林是人类没法靠近的，世界上大多数森林的生态生产力都是比较低的。

4. 水域

水域分为淡水水域和非淡水水域，它的生产力由水域中的水产品体现。一方面，人类从海洋中获取的食物有限；另一方面，供人类获得水产品的淡水水域占比较小，导致水域的生态生产力并不高。

5. 化石燃料用地

化石能源的燃烧，囊括了 CO_2、SO_2、N_2O、NO_2 等一系列大气污染物。理论上，应该预留一部分专门用于吸收各类温室气体的化石能源用地，考虑到谨慎性，所以我们在计算生态足迹的过程中，涵盖了吸收 CO_2 而需要的面积。

6. 建筑用地

建筑用地指人类用于生产、居住等一系列活动而开发建设所用的土地。人类城镇化的推广一定程度上是以缩减耕地为代价的，所以扩大建设用地的面积在一定程度上造成了生物产量的损失。

将以上六种具有不同生态生产力的生态生产性土地的面积进行整合计算，就可以得出区域内的生态足迹。

6.1.4 均衡因子和含量因子

因六种生态生产性土地之间的生产力参差不齐，在不同国家和区域之间也存在着差异。所以，我们将国家和区域间各种类型的生态生产性土地，与均衡因子和产量因子进行相乘，转化为同一单位之后再进行对比分析。

1. 均衡因子

为了方便对比各种不同生态生产力的土地，就要将它们的土地面积乘以各自的均衡因子。因很难将全球各类生物单产总量的平均值计算准确，加之每年的产量都会变化，所以无法将均衡因子标准做到统一。2018 年 Global Footprint Network National Footprint Accounts 提出的均衡因子，即耕地为 2.52、林地为 1.29、草地为 0.46、水域为 0.37、建设用地为 2.52、化石能源用地为 1.29。

2. 产量因子

基于不同地区间的资源禀赋千差万别，即使在单位面积内同种土地的生态生产力差距也比较大，所以无法直接将其进行对比。因此，用"产量因子"来校正，产量因子又称为"产量调整因子"，是一种类型的土地生产力和全球生产力之间的差别，是一种类型的生态生产性土地的生产力与世界上同类土地的生产力之比。通过对各类生态生产性用地进行统一规范化的处理，利用均衡因子、产量因子乘以不同类型的土地面积，得出生态足迹。由此，将区域间进行对比和将时间序列进行对比，从而得出具备世界平均产量的生态容量。

6.1.5 生态足迹计算方法

1. 传统二维生态足迹模型

生态足迹模型已被列入联合国可持续发展系统的一个重要指标。在维度层面，传统的二维生态足迹模型包括生态足迹（EF）、生态承载力（EC）、生态赤字（ED）或盈余。生态足迹则是由生态承载力和生态赤字相加而得到的，也就是二维平面中大圆的面积。生态足迹二维模型如图 6-1 所示。

（1）二维生态足迹的计算

① 划分消费项目

在计算生态足迹时，通常按六种不同类型的土地进行特定的消费项目划分。

② 测算生态足迹

生物资源账户和能源账户转换为生态足迹，计算方式如下：

$$EF = N \times e_f = N \times \sum_{i=1}^{6}\sum_{j=1}^{6}(r_i \times a_j)$$

$$= N \times \sum_{i=1}^{6}\sum_{j=1}^{6}\left(r_i \times \frac{C_j}{Y_j}\right) \quad (6\text{-}1)$$

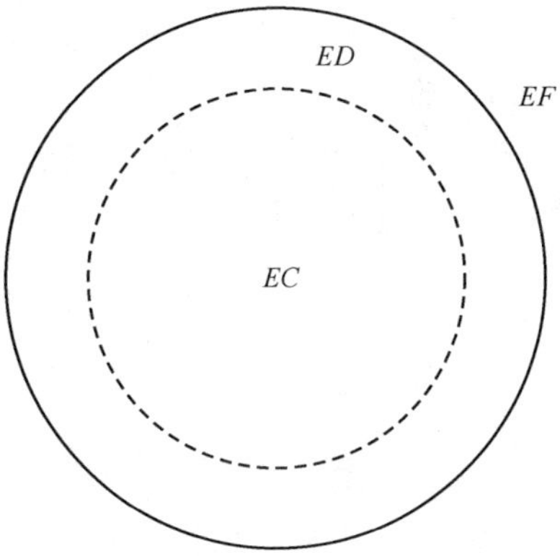

图 6-1 生态足迹二维模型

式中，EF 为总生态足迹（hm^2）；e_f 为人均生态足迹（$hm^2/人$）；N 为人口数量；i 为不同土地类别；j 为不同资源消费类型；r_i 为第 i 类土地类型所赋予的均衡因子；a_j 为第 j 种消费品折算的人均生物生产面积；C_j 为第 j 中生物产品的人均消费量；Y_j 为第 j 种消费品的全球平均产量。

（2）生态承载力计算

生态承载力是一个地区的自然生态系统能够为人类的生存与发展提供必要的生物生

产用地的总和。世界环境和发展委员会的一份报告《我们共同的未来》中指出，为生物多样性保留12%的生物生产用地。因此，在计算某一区域的人均生态承载力时，应将其减少12%。它的计算公式为：

$$EC = (1-12\%)\sum_{i=1}^{6}(a_i \times r_i \times y_i) \quad (6-2)$$

式中，EC 为生态承载力；a_i 为第 i 种土地类型的生物生产面积（hm²/人）；r_i 为第 i 种土地类型的均衡因子；y_i 为第 i 种土地类型的产量因子。

（3）均衡因子与产量因子的确定

因为不同的生物制品的产量无法简单地叠加，所以可以通过"生态能源流"把不同的生物产物转化为一个统一的能源（热值），然后再进行计算。

① 均衡因子的确定

均衡因子将不同土地的平均生产力转化为标准的生产土地，从而使各类型的生产力有了比较。"国家公顷"模式中的均衡因子是指对全国各地的相似的具有生物生产性的土地上的平均生产力计算，其具体公式是：

$$r_i = \frac{\overline{P_i}}{\overline{P}} = \frac{Q_i/S_i}{\Sigma Q_i/\Sigma S_i} = \frac{\sum_j p_j^i \gamma_j^i / S_i}{\sum_i \sum_j p_j^i \gamma_j^i / \Sigma S_i} \quad (6-3)$$

式中，r_i 为第 i 种土地类型的均衡因子；P_i 为 i 种土地类型的平均生产力；$\overline{P}$ 为全部生产性土地的平均生产力；Q_i 为第 i 种土地类型的总生物热量；S_i 为第 i 种土地类型的面积；p_j^i 为第 i 种土地类型上第 j 种生物所生产出的产品产量；γ_j^i 为第 i 种土地类型上第 j 种生物产品的单位热值。

② 产量因子的确定

各地区之间，由于自然生态环境、生产条件等因素，导致了各地区相同土地的生物产量有一定的差别。因此，在同一区域内，同一种生物生产性土地，其实际面积不能进行比较，可用产量因子将其转化为可比较的数据。不同的土地类型，其产量因子是按该区域的平均生产力除以全部区域的平均生产力而得到的。具体计算公式为：

$$y_i^m = \frac{\overline{p_i^m}}{\overline{P_i}} = \frac{Q_i^m/S_i^m}{Q_i/S_i} = \frac{\sum_j (p_j^i)^m \gamma_j^i / S_i^m}{\sum_j p_j^i \gamma_j^i / \Sigma S_i} \quad (6-4)$$

式中，y_i^m 为 m 省第 i 种土地类型的产量因子；$\overline{p_i^m}$ 为 m 省第 i 种类型土地类型的平均生产力；$\overline{P_i}$ 为全部区域第 i 种土地类型的平均生产力；Q_i^m 为 m 省第 i 种土地类型的总生产力；S_i^m 为 m 省第 i 种土地类型的总面积；$(p_j^i)^m$ 为 m 省第 i 类土地类型上第 j 种生物资源产品的产量；Q_i 为第 i 种土地类型所生产出来的所有产品的产量；S_i 为第 i 种土地类型的总面积。

（4）生态赤字与生态盈余的计算

生态赤字与生态盈余可以反映一个地区的可持续发展状况，生态足迹与生态承载力之差即为生态赤字（盈余）。其计算公式为：

$$ED(ER) = EF - EC \quad (6-5)$$

式中，ED 为区域生态赤字；ER 为区域生态盈余；EF 为生态足迹；EC 为生态承载力。

2. 三维生态足迹模型

传统的生态足迹模型是以自然资本流动为研究对象，忽视了自然资本的存在对于维护地球生态系统的可持续发展具有重大意义。三维生态足迹模型是以传统生态足迹模型为基础，将足迹广度和足迹深度相结合，将生态足迹由原来的二维拓展至三维模型，通过对自然资本流量和存量进行分类测量，来判断地区发展模式的可持续性。

传统模型将生态足迹 EF 视为一个圆，三维模型将生态足迹看作一个圆柱体，由底部面积（足迹广度 EF_{size}）与圆柱体高（足迹深度 EF_{depth}）相乘之积而得（图 6-2）。随着圆柱体底面积的减少，也就是 EF_{size} 的减少，圆柱体的高度增高，即 EF_{depth} 增加，这意味着存货的消耗会更快，而人类的消费能力的可持续性也会下降。

（1）足迹深度

足迹深度是指在一定时期内，为保持当前的经济、社会发展水平，所占空间与现存的生产用地之比，从而反映出人类对自然资本的消耗，并注重世代之间的公平性。足迹深度的计算公式为：

$$EF_{depth} = 1 + \frac{\sum_{i=1}^{n} \max\{EF_i - EC_{i,0}\}}{\sum_{i=1}^{n} EC_i} \quad (6\text{-}6)$$

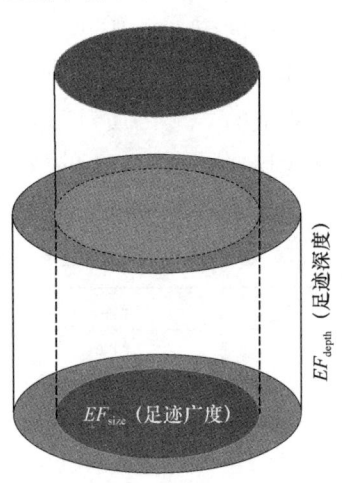

图 6-2 生态足迹三维模型

式中，EF_{depth} 为足迹深度。从式中可以看出，当 $EF \leq EC$、$EF_{depth}=1$ 时，流量资本可满足消费者的需求；而在 $EF > EC$、$EF_{depth} > 1$ 时，流量资本不能满足需求，就必须利用存量资本。

（2）足迹广度

足迹广度是指人类活动对自然资本流动的占有程度，其最大限度是指生物容量。由于其自然资本都是可再生的，因而不会对生态环境的可持续发展产生任何影响。其计算公式为：

$$EF_{size} = \sum_{i=1}^{n} \min\{EF_i, EC_i\} \quad (6\text{-}7)$$

式中，EF_{size} 为足迹广度。

（3）三维生态足迹的计算

三维生态足迹是足迹深度和足迹广度之积，其计算公式如下：

$$EF_{3D} = EF_{depth} \times EF_{size} \quad (6\text{-}8)$$

式中，EF_{3D} 为三维生态足迹。

6.2 碳 足 迹

由于人类活动导致大气中的温室气体浓度不断增加，严重扰乱生态系统和自然环境，造成全球气候变化及一系列不良后果。在制定科学有效的减排政策之前，需要准确估算人类活动的温室气体排放量，而碳足迹作为一种量化被认为是环境影响和帮助应对气候变化威胁的重要指标而备受社会各界的广泛关注。

6.2.1 温室气体及其全球变暖潜值当量因子

温室气体通常是指大气中能吸收地面反射的太阳辐射并能重新发射辐射的一些气体。如二氧化碳、甲烷、氧化亚氮、水蒸气及大部分制冷剂气体等。大气中温室气体最大的特点是太阳辐射容易穿透它们到达地面，地面反射的太阳辐射却容易被大气中的温室气体所吸收并重新被温室气体辐射到地面。温室气体的作用类似于温室截留太阳辐射产生"温室效应"，使地球表面温度上升，导致全球变暖。

全球变暖潜值（Global Warming Potential，GWP）用来表征各种温室气体引起全球变暖的能力，即表示一种物质产生温室效应的指数。通常全球变暖采用 CO_2 作为参考气体，在 100 年的时间框架内 CO_2 的 GWP 值为 1，计算其他温室气体的温室效应与相同效应的 CO_2 的质量比值，从而获得各种温室气体的全球变暖潜值，这些表征气体引起全球变暖能力大小的相对值成为温室气体的全球变暖潜值当量因子，常用温室气体基于 100 年时间尺度内的全球变暖潜值当量因子（表 6-1）。

表 6-1 基于 100 年时间尺度内常用温室气体全球变暖潜值当量因子（IPCC 2006）

气体种类	GWP 当量因子 β （$kgCO_{2,eq}/kg$）
CO_2	1
CO	2
CH_4	21
N_2O	310
氟利昂（CFC-12）	8500
全氟碳化物（HFC-134）	1430
六氟化硫（SF_6）	22800

对于某一种产品或者某项活动，在其某一阶段内排放的温室气体折算的全球变暖潜值 GWP_p 等于其温室气体排放量与对应气体全球变暖潜值当量因子乘积的总和，其计算式见式（6-9）：

$$GWP_p = \sum_i \beta_i \times M_{GHG_i} \quad i = 1, 2, 3, \cdots \quad (6-9)$$

式中，β_i 为第 i 种温室气体的全球变暖潜值当量因子，$kgCO_{2,eq}/kg$ 气体；M_{GHG_i} 为第 i 种温室气体的排放量，kg。

6.2.2 碳足迹概念演变

碳足迹（Carbon Footprint）通常指企业机构、活动、产品或个人通过交通运输、食品生产和消费以及各类生产过程等引起的温室气体排放的总和。最初的碳足迹定义是模糊的，既没有明确什么类型的气体种类属于碳足迹研究对象，也没有给出如何测量或者量化一个碳足迹的统一方法。近年来，众多研究机构给出了不同的碳足迹概念，其共

同特点是把 CO_2 气体作为碳足迹的考察对象。全球生态足迹网络（Global Footprint Network，GFN）把碳足迹视为生态足迹的一部分，解释碳足迹为"化石燃料足迹"或者"CO_2 吸纳面积需求量"。2007 年，GFN 定义碳足迹为通过光合作用吸收容纳来自化石燃料燃烧排放的 CO_2 的生物容量需求量；BP 定义碳足迹为人类经济活动中排放的 CO_2 气体总量。尽管 CO_2 计算范围扩大了，但仍然仅包括 CO_2 温室气体。Wiedmann 等提出了碳足迹的概念，认为碳足迹是一种专门用于测量一项活动引起的直接和间接排放的 CO_2 总量或者测量一种产品整个生命周期过程累积排放的 CO_2 总量的方法。这里的活动包括个人、群体、政府、公司、组织、各生产过程以及工业部门等的活动，产品包括商品和服务，并且强调了所有直接排放和间接排放的 CO_2 都要考虑在内。随着研究的深入，碳足迹所包括的时空范围扩大了，不仅仅局限于产品或者活动的直接碳排放，但温室气体仍然只针对 CO_2 气体。

2007 年，Carbon Trust 组织定义碳足迹为一种以碳当量估算产品周期中所有 GHG 总排放量的方法，产品的整个生命周期包括从产品制造所需原材料的生产一直到最后产品消费的最后处置阶段（排除使用阶段排放），碳足迹从之前仅计算 CO_2 温室气体扩展到所有的 GHG 排放。2012 年，国际标准化组织（International Organization for Standardization，ISO）认定碳足迹是指产品由原料获取、制造、运输、销售、使用以及废气处理各阶段直接和间接产生的温室气体排放总量，这一定义拓展改进了 Carbon Trust 关于碳足迹的定义，碳足迹的时空范围包括了产品的整个生命周期，并对间接排放的温室气体进行了计算，碳足迹的定义趋于规范成熟，尤其生命周期思想已经发展成碳足迹估算的一个特征。

由碳足迹内涵的不断演变可以看出，目前碳足迹概念侧重于产品或者服务过程的研究，尤其从生命周期的角度评价产品或者服务活动在全生命周期各阶段的温室气体排放强度。不同研究对象的碳足迹的衡量单位和核算方法不同，通常用 CO_2 质量当量表示温室气体排放导致的全球变暖效应，且采用 100 年时间尺度的 GWP 当量因子进行计算。

6.2.3 产品碳足迹核算方法

目前，国内外产品碳足迹核算方法主要有投入-产出（Input-Output，I-O）法、生命周期评价法以及基于 IPCC（联合国政府间气候变化专门委员会）清单核算法等。

基于 IPCC 清单碳足迹核算法即采用 IPCC 编制的国家温室气体清单以及对应排放因子来计算各种温室气体的排放量。IPCC 清单核算法优点是数据获取方便，计算过程简便，但无法包括隐含的间接温室气体排放，且由于各地区技术水平、能源品质等差异，使得区域性排放因子选取存在困难。I-O 法是一种"自上而下"的分析方法，在研究资源-环境问题时，以整个经济系统为边界进行碳足迹研究，根据投入-产出数学模型将生产部门或区域间的经济关系转化为温室气体排放的实物关系，综合反映经济系统内各部门直接和间接的碳排放关系，属于宏观层面碳足迹核算方法，不适于产品尺度的碳足迹核算。LCA（Life Cycle Assessment，生命周期评价）是一种"自下而上"、基于过程的分析方法，考虑了从原材料开采、生产加工、储运、使用、废弃物处理等从"摇篮"到"坟墓"的整个生命周期过程中直接和间接产生的温室气体排放。相对其他方法，LCA 法更适合微观系统尤其是产品尺度的碳足迹核算，它是近年来国际公认的主流碳足迹核算方法。

6.3　生命周期评价

无论对于新产品或新工艺设计，还是过程优化或产品工艺改进，秉承产业生态学思想，采用生态学面向产品的分析方法——生命周期评价（LCA）法，从资源/能源消耗和环境影响等角度对其进行分析和评价都是非常有价值的一项工作，不仅能够促进产品生产过程或工艺方案的改进优化、提高资源利用效率、降低废物排放及降低生产成本等，并且可为国家或区域制定资源清洁、高效利用政策提供定量评价的依据。

6.3.1　生命周期评价定义

LCA 被称为"从摇篮到坟墓"分析，是对产品、工艺或者活动从资源开采到最终处理的整个生命周期环境影响的一种评价方法。环境毒理学与化学学会 SETAC 和 ISO 认为 LCA 是一个定量化、系统化评价与产品、工艺或者活动相关的环境负荷潜在影响的过程，LCA 涉及产品、工艺或活动的整个生命周期，包括原材料开采、运输与加工、产品生产、运输与分配、产品使用、再使用和维护、再循环以及最终处置等各个阶段。它通过识别和量化产品系统资源、能源消耗和环境排放类型，评价这些能源与材料使用和环境排放的潜在影响，并评估和实施影响环境改善的机会。

LCA 是工业生态学中最核心的内容和方法，它是产品系统辨识的主要工具之一，其功能就是对产品及产品系统的结构、物流、能流、功能进行系统地分析与评价，其目的就是最大程度地减少产品在其整个生命周期内的资源消耗，减少对环境的污染排放。目前，LCA 是国际上被普遍认同的最科学的环境评价工具，可以实现量化并比较某一产品或者服务生命周期过程中产生的环境影响，已广泛应用于各种技术评价、产品设计、生产管理、环境标志以及政策制订中的环境分析，被认为是最佳的产品环境评价方法，也是一种全新的并适应可持续发展战略要求的环境管理模式。

2006 年，ISO（国际标准化组织）正式颁布 ISO 14040《环境管理　生命周期评价　原则与框架》和 ISO 14044《环境管理　生命周期评价　要求与指南》。我国等同采用上述国际标准，相继发布生命周期评价国家标准 GB/T 24040 系列并开始实施。标准化的 LCA 方法成为最重要的评价产品环境表现的方法，也是确定生态标志和产品环境标准的基础。

6.3.2　LCA 的主要特点

相对传统的环境影响评价方法，LCA 具有突出的一些优势。

（1）LCA 是全过程评价。LCA 以产品为核心，面向产品系统，不再仅局限于"产品生产"和"废物处理"阶段的环境影响，而是考虑了整个产品系统的环境影响，属于全过程管理。因此，LCA 不仅可以帮助发现和避免环境问题在不同生命周期阶段之间的转移，而且可以帮助发现和避免环境问题在不同环境影响类型之间的转移，符合可持续发展理念。

(2) LCA 是一种系统、量化的评价体系，对产品在整个生命周期中每个阶段的所有资源/能源消耗、废弃物排放及对环境的影响进行量化并得出具体的指标，据此辨识和评价改善环境影响的成效。

(3) LCA 是一种开放性评价系统，这种开放性体现在生命周期评价可以采用与吸纳任何学科先进的方法和技术，因为它本身涉及化学、物理学、数学、毒理学、生态学、统计学以及环境学等多个学科的知识理论与应用技术。

尽管 LCA 是一个先进的环境评价工具，由于研究对象涉及产品的整个生命周期，牵涉物流、能流及其环境影响非常复杂，尚且处于发展完善阶段。因此，LCA 存在一些需要改进的方面，主要有：

(1) LCA 所做的选择与假设本质上可能具有主观性，如系统边界的确定、数据收集途径及影响类型的选择等。

(2) 清单分析或者环境影响评价模型存在一定局限性。

(3) LCA 研究的结果针对全球和地区性，可能不适用于地方。

(4) LCA 研究涉及面广、工作量大，需要大量数据的支持，而实得数据的完整性和精度都可能有限，数据的不全面、不准确或偏差都会造成结论出现偏差。

因此，在开展 LCA 研究中尽可能改进或避免不利因素影响。

6.3.3 生命周期评价技术框架

SETAC（环境毒理学与化学学会）和 ISO 所提出的 LCA 评价技术框架都包括目标与范围确定、清单分析、环境影响三个部分，差别在第四部分，前者的第四部分是"改善评价"，而后者的第四部分是"结果解释"，这是对 SETAC 第四部分的改进。"结果解释"是一个系统过程，其目的是对清单分析与影响结果进行综合，减少数据量，为决策过程提供更为有用的报告形式。ISO 14040 标准规定的 LCA 技术框架如图 6-3 所示。LCA 的技术框架遵循 ISO 14040 标准及相关规定，分为四个部分，即目标和范围定义、清单分析、影响评价和结果解释。

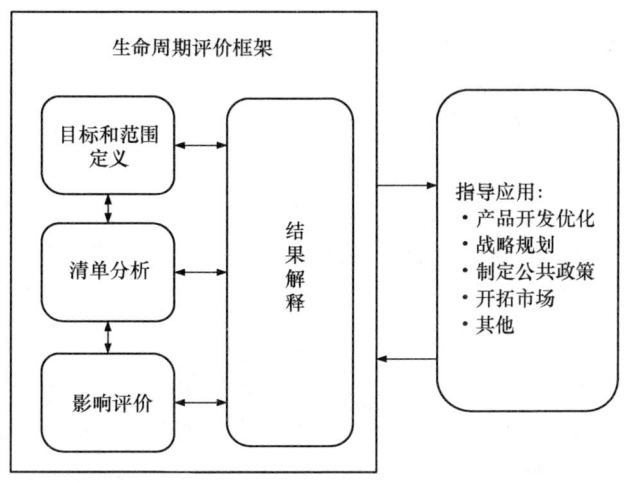

图 6-3　生命周期评价技术框架

1. 目标和范围定义（Goal and Scope Definition）

确定目标和范围是进行 LCA 的第一步，其重要性在于决定为何要进行某项 LCA，并表述所要研究的产品系统和数据类型，它是后续评估过程所依赖的出发点和立足点，需要尽可能精确地确定目标和范围。在目标和范围的确定中要重点确定的方面包括目的、范围、功能单元、系统边界以及数据质量等，这些因素将影响 LCA 的研究方向和深度。LCA 一旦确定评价目的，则在很大程度上决定了研究范围。在边界界定时要求产品生命周期的所有过程都要落入系统边界内，从而进一步确定 LCA 要考虑的工艺过程、系统的输入与输出等。功能单位是对系统功能的测量，必须明确规定可测量的、与输入和输出有关的数据。功能单位是比价和分析可供选择的产品或服务的重要尺度，因此，功能单位的确定是整个 LCA 的基石。在清单分析过程中，收集的所有数据都必须换算为功能单位，从而实现对产品系统的输入与输出的标准化。

开展生命周期评价要说明研究的目的、原因，以及未来研究结果预期应用和服务的对象。如分析和了解某产品的环境性能，建立产品环境性能数据库；寻找产品生产过程的主要污染源，改善生产工艺；比较具有相同功能的两种产品，以便更新换代等。研究结果的应用和服务对象可以是企业管理者、政府职能部门或科研机构等。

范围确定主要是界定生命周期评价研究的系统边界、范围，以及具体数据要求、假设和限制条件等。如：某产品的整个生命周期评价或单个工艺的生命周期评价等。需要注意的是，由于生命周期评价是一个反复交互的过程，所以研究范围经常在评价过程中进行修正。

> **专栏 6-1**
>
> 对于由上百种材料和数千个零部件组成的现代技术产品，如果某种原材料或者零部件的质量低于产品总质量的 5%，那么 LCA 就可以忽略这种原材料或零部件的环境影响。但这项规则有一条重要补充，即不能忽略任何可能产生严重环境影响的原材料和零部件。例如，汽车铅酸蓄电池的质量不到汽车总质量的 5%，但是铅酸电池中铅的毒性决定了它是不可忽略的。类似的还有镀铬零部件和放射性材料等。
>
> ——摘自《产业生态学（第 2 版）》

2. 清单分析（Inventory Analysis）

清单分析是 LCA 基本数据的一种表达方式，用于定量描述系统内外物质流和能量流的方法，也是进行生命周期影响评价的基础。清单分析是对产品、工艺或者活动在其生命周期阶段的资源、能源消耗和废物排放进行数据量化分析，其核心就是在所确定的产品系统内，建立以产品功能单位表达的产品系统输入和输出的数据清单，产品系统的每个子系统内物质和能量遵守物质平衡原理。清单分析始于原材料的开采与生产，指导产品的最终消费和处置，贯穿产品的整个生命周期。清单分析包括数据收集，基于功能单位对单元过程的输入与输出进行标准化计算，采用合理的分配方法对共生产品进行负荷分摊以及清单分析结果呈现等环节，清单分析是影响评价开展的基础。清单分析的基本步骤和内容如图 6-4 所示。

建立清单的过程是在确定的研究范围内，针对产品生命周期的每个过程单元，定量分析有关的输入和输出量，汇总、处理和编制资源、能源消耗及对环境（空气、水体、

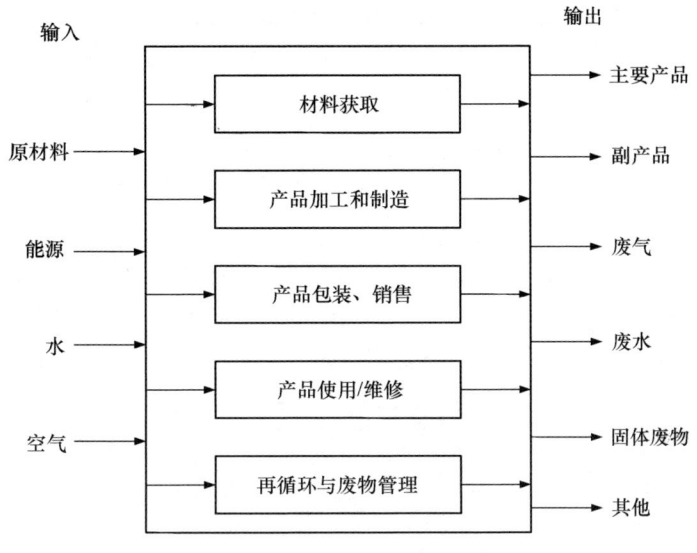

图 6-4　LCA 清单分析

土地等)的污染排放的输入和输出数据清单,为环境影响评价提供数据基础。

(1) 采集处理数据

绘制产品生命周期每个阶段的详细工艺流程图,弄清产品涉及的所有工序及其相互关系。对应每一工序,采用现场实测、理论计算、经验估计或文献、出版物查取等方法,得到所有输入、输出数据。以各个工序数据为基准,计算整个系统的输入、输出数据。

(2) 清单结果

清单分析的结果一般列为清单表的形式。例如,1kg PVC 原料的输入和输出清单分析结果见表 6-2。

表 6-2　1kg PVC 原料的输入和输出清单分析结果

材料		平均值	单位
燃料	煤	6.94	MJ
	油	6.04	MJ
	天然气	15.41	MJ
	水电	0.84	MJ
	核电	7.87	MJ
	其他	0.13	MJ
原料	原油	16.85	MJ
	天然气	12.71	MJ
原材料	铁矿	400	mg
	石灰石	1600	mg
	水	1900000	mg
	铝土矿	220	mg
	氯化钠	690000	mg
	砂	1200	mg

续表

材料		平均值	单位
大气排放物	粉尘	3900	mg
	二氧化碳	2700	mg
	一氧化碳	1944000	mg
	二氧化硫	13000	mg
	氮氧化物	16000	mg
	氯气	2	mg
	氯化氢	230	mg
	烃烷	2000	mg
	金属离子	3	mg
	CFC	720	mg
水体排放物	COD	1100	mg
	BOD	80	mg
	氢离子	110	mg
	金属离子	200	mg
	氯离子	40000	mg
	溶解有机物	1000	mg
	悬浮物	2400	mg
	油	50	mg
	溶解物	500	mg
	氮	3	mg
	有机氯化物	10	mg
	硫离子	4300	mg
	钠离子	2300	mg
固体废弃物	工业固废	1800	mg
	矿山废物	66000	mg
	烟尘和灰尘	47000	mg
	其他惰性化学品	14000	mg
	危险化学品	1200	mg

3. 影响评价（Impact Assessment）

清单分析汇总了产品整个生命周期各阶段的环境交换数据，这些数据的影响程度需要进行评估，说明各种环境交换的相对重要性以及每个生成阶段或产品每个部件的环境影响贡献大小，这一阶段称为生命周期影响评价（Life Cycle Impact Assessment，LCIA）。LCIA 是将清单分析列表的环境压力对显示环境影响进行定量和定性的分析，其基于功能单位的相对评价方法，也是 LCA 最重要的阶段。

定性方法主要依靠专家给出评分，其结果有一定的主观性和不可比性；定量方法比较严格，其结果具有一定可比性。定量的 LCIA 主要由三个步骤组成：分类、特征化和权重赋值。

(1) 分类（Classification）

分类是将清单分析得到的各种输入、输出数据划分为不同的环境影响类型。通常，环境影响类型分为生态环境、人类健康及自然资源三大类，每一大类下又可分许多小类。例如，生态环境大类下又分为全球变暖、臭氧层破坏、酸雨等。

(2) 特征化（Characterization）

经过分类处理后，每个环境影响类型中仍将有多种排放物数据。为了进行汇总分析，一般选取其中一种排放物作为该类型的基准物，将其他排放物用相应的当量系数分别折算成基准物的当量值，最后将该类型中的当量值加和汇总，用来表述某一影响类别的潜在环境影响。例如，某一产品经过生命周期清单分析后，得出产生的 CO_2、CH_4、N_2O 的量分别为 2502.53kg、10.34kg、0.14kg。显然，它们都属于温室气体，但却无法直接加和。若以 CO_2 为基准物，CO_2、CH_4、N_2O 相应的当量系数分别为 1、11、270，则上述排放量分别乘以对应的当量系数，得出 CO_2 当量分别为 2502.53kg、113.74kg、36.80kg，最后汇总为 2653.07kg CO_2，用来表征该产品在全球变暖方面的潜在影响。

(3) 权重赋值（Weighting and Valuation）

采用当量系数进行特征化处理后，每种环境影响类型都得到一个各自对应的当量值，但不同类型之间的环境影响大小还是无法比较。为了量化分析不同类型的环境影响大小，通常对每种影响类型赋予不同的权重系数。这是 LCA 中最有争议的部分，无论从什么方面考虑和确定权重系数，都不同程度地存在着人为因素，目前为止还没有一种方式能被普遍接受。因此，目前很多环境影响评价只做到特征化为止，这样已经可以说明各类潜在环境影响的大小。

4. 结果解释（Results Interpretation）

结果解释是 LCA 最后一个阶段，也是研究结果的集中体现，其目的是将根据前面几个阶段的研究或者清单分析的发现，以透明的方式分析结果、形成结论、解释局限性、提出建议并报告生命周期解释的结果。结果解释包括识别一些重大问题、开展 LCA 完整性检查、敏感性检查和一致性检查、提供以报告形式呈现的结论和建议。

可见，生命周期评价的本质是通过对资源、能源消耗及由此产生环境负荷的定量分析来评价某种产品、过程或活动在其整个生命周期中的环境影响。主要目的是通过对生命周期每个阶段较为客观、科学的分析，找出影响环境负荷的关键环节和因素，提出降低和改善环境负荷的措施和途径。

思政小结

气候变化是当前全球性的重要问题之一。随着全球气温的逐渐升高，气候变化正在对自然系统和社会经济系统产生巨大的影响。我国已经成为世界上最大的能源消费国和二氧化碳排放国。由于产业结构重组和能源结构调整，近年来的碳排放量有所下降，但是未来的碳排放趋势仍需要进一步探索。我国积极参与国际合作应对气候变化，提出将于 2030 年前达到碳排放峰值、2060 年前达到碳中和的目标。我国正在产业结构调整、能源结构优化、控制非能源活动温室气体排放、节能与提高能效、增加碳汇等方面采取一系列行动减缓气候变化。

思考题

1. 什么是生态足迹、碳足迹?
2. 生态生产性土地分为哪几类?
3. 生态足迹的分析方法有哪些?
4. 生命周期评价(LCA)的特点是什么?如何开展产品的生命周期评价?
5. 生命周期评价的含义、基本方法及意义是什么?
6. 你认为一次性塑料杯和一次性纸杯哪个更加符合环保要求?应用LCA方法简单比较两者的环境负荷,看看与你的认识是否一致。
7. 选择一种你熟悉的电器,如冰箱、电视机或洗衣机,描述其整个生命周期,分析在其生命周期的各个阶段造成哪些环境问题?主要原因是什么?

7 生态设计和环境评价

教学目标

教学要求：掌握工业发展领域生态学设计原理与方法，认知工业发展同期中环境影响评价分析及类型，熟练运用全生命周期评价方法，做好生态设计和环境评价工作。

教学重点：全生命周期评价方法的运用。

教学难点：正确确定全生命周期评价中的目的和范围并进行清单分析。

7.1 工业发展领域生态学设计原理与方法

7.1.1 生态学设计基本概念

生态设计（Eco-Design）又称为绿色设计（Green Design）、面向环境设计（Design for Environment，DFE）等（以下统称生态设计），是一种关注和考虑产品生态环境属性的先进设计理念和方法。生态设计的关键是把环境意识贯穿或渗透于产品和生产工艺的设计之中。在产品开发和设计时，不仅要满足传统设计的要求，即保证产品的性能、质量、耐用性、外观和成本等，而且还要充分考虑产品整个生命周期中的资源、能源消耗和环境排放问题，并将其作为重要的设计目标，使设计出的产品既满足人的需求，又具有与生态环境友好的属性。

生态设计是从源头预防和控制污染、节约资源、节约能源的有效途径。

1. 生态设计需要遵循的原则

（1）全生命周期设计。关注和考虑产品整个生命周期各个阶段的环境影响，努力将其控制在最小范围内。

（2）资源利用最大化。尽量使用可再生资源，力求产品整个生命周期中资源利用率最高，产品及零部件可最大限度地回收再利用。

（3）能源消耗最小化。尽量使用清洁能源和可再生能源，提高能源利用效率，力求产品整个生命周期中能耗最少。

（4）污染物排放最小化。实施"预防为主，治理为辅"的环保策略，充分考虑和尽量避免各个环节可能产生的污染，从源头消除和防止污染。

（5）技术先进。采用先进技术，保证产品使用性能和生态设计效果，以获得最佳的环境经济效益。

2. 生态设计的类型

（1）改进设计。产品本身和生产技术保持不变，以关心生态环境和减少污染为出发点进行的改进设计。

(2) 再设计。产品概念不变，应用替代技术改变产品的某些组成部分。

(3) 概念更新。在保证提供与原产品相同使用功能的前提下，改变产品的设计概念和思想。

(4) 系统更新。随着新型产品的出现，需要改进与之相关的工艺设施等，进行产品系统的改造和更新。

7.1.2 原材料选择

原材料不仅直接影响产品的性能、质量、耐用性、外观和成本等，而且具有各自不同的环境特性。在产品生态设计中，综合分析和认真比较各种可选材料的性能和特点，最终选出最适宜的、环境危害较小的材料，是降低产品环境负荷的第一步。

1. 选择原材料时应重点考虑的问题

(1) 环境危害

贯彻"预防为主"的方针。为满足某一特定用途，在其他条件相似的前提下，应优先选择没有毒性或毒性较小的材料。表7-1列出了美国环保局规定的工业有毒化学品，欧盟等国家也明令限制表中大多数化学品的使用。表中，镉、铬、铅、汞、镍等重金属及其化合物在工业生产中多用于产品的表面镀层或涂料，剩余的大多数为氯化物和单环芳烃，多用作工艺过程中的溶剂或清洗剂。这些物质均应在使用中严格限制。

表7-1 美国环保局规定的工业有毒化学品

苯	汞及其化合物	甲基乙基酮	二甲苯
四氯化碳	氯仿	甲基异丙酮	镍及其化合物
铬及其化合物	氰化物	四氯乙烯	甲苯
二氯胺	铅及其化合物	三氯乙烯	四氯乙烷

尽量不选择含上述有毒、有害成分的材料。不得已使用时，要设法采取措施改变原料的组分，减少有害材料的使用量，有效控制毒性影响。同时，应尽量在当地生产、避免远途运输，尽可能做到循环再利用。对目前尚不完全清楚性能的人工化学物质，在没有明确的科学结论之前也不要使用。例如，制造锰电池、镍氢电池、碱性电池等替代有毒的铅酸电池，使用无铅、代铅材料等。

天然或人造放射性核素都有可能严重损害人体健康，也要严格限制。要严格遵守国家关于开采、生产、使用和处置放射性物质的有关法律，避免使用放射性材料。确实因特殊需要必须使用时，要将使用量控制到最小。例如，放射性疗法通过精确定位，既可减少放射剂量，又能保证确切疗效。

此外，有些材料目前尚不在限制之列，但是将来很可能受到限制，在选择材料时也需要超前考虑，氯和有机氯化物的使用便是如此。研究表明，有机氯化物可能具有致癌作用并导致人体和动物内分泌功能紊乱。

(2) 资源储量

所有材料归根结底均来源于自然资源。因此，资源储量、可获得性、成本等是选择材料时要考虑的一个重要因素。通常，要优先选择自然资源储量相对丰富、方便易得，且易于回收利用的材料。控制使用资源储量不足、供应相对短缺的材料，尽量将其应用于那些特别需要的场合，特别要避免用于低附加值的场合。例如，日本松下电器产业制造的"镁合金电视"，采用地球上储量丰富、容易再生利用的金属镁作为电视机机壳主材料，通过特殊工艺实现了镁合金的大型成型，电视机不仅质量轻、外形美观，而且由于金属外壳具有的优良散热性能，不需再设计散热孔，有效实现了防尘、防水功能。要尽量多使用可再生资源，努力开发有效、可行的回收不可再生资源的工艺和方法，缓解资源供应方面的束缚。在可能的情况下，尽量用天然原材料替代合成材料。天然原材料与合成材料相比，具有更好的生态环境属性和自然可降解性。例如，用天然物质制作洗涤剂，用树叶和土制作高尔夫球球座等。

（3）开采加工

原材料的开采和加工过程伴随着巨大的物质流和能量流。例如，开采1t铜大约需要剥离350t表土和100t矿石，并且严重破坏当地的生态环境。

全球主要矿产资源开采过程中相应的物质流见表7-2。

表7-2 全球主要矿产资源开采过程中相应的物质流

矿产种类	矿石量（Mt）	平均品位（%）	残渣量（Mt）
铜	910	0.91	900
铁	820	40.0	490
铅	120	2.5	115
铝	100	23.0	77
镍	35	2.5	34
其他	925	—	850
总计	2910	—	2466

由表中数据可知，在各种金属矿石的开采过程中，获得的矿石与废弃的残渣数量几乎相当，两者比值分别为铜1.01、铁1.67、铅1.04、铝1.30、镍1.03等。可见，各种矿产资源的开采过程中产生的废弃物数量巨大，对环境的影响不容忽视。从铁矿石到飞机发动机引擎的制造过程如图7-1所示。

100万t矿石
（金属含量10%）

100万t金属
（锻材和棒材）

1万t引擎

图7-1 生产一台喷气式飞机发动机的过程

可见，从矿石资源到最终产品的生产过程中也伴随着巨大的物质流。以喷气式飞机引擎为例，质量比高达100∶1。因此，在矿山、矿井和其他开采场地都需要采取环境保护措施。例如，保留从开采现场移走的表土用于以后回填；开采结束后，采取多种途径实施生态修复，尽量将矿山恢复到原有的景观状态和生态能力。矿石开采出来之后，还需要进行加工和提纯，获得金属、化学品或相应的混合物。例如，铁矿石开采后，要分别经过选矿、烧结、炼铁、炼钢、轧钢等工序,最终加工成为各种钢材,作为制造汽车、轮船、飞机等的材料。显然,这一系列工艺过程要消耗大量能源。

几种普通材料加工过程的能耗如图 7-2 所示,供选择材料时参考。

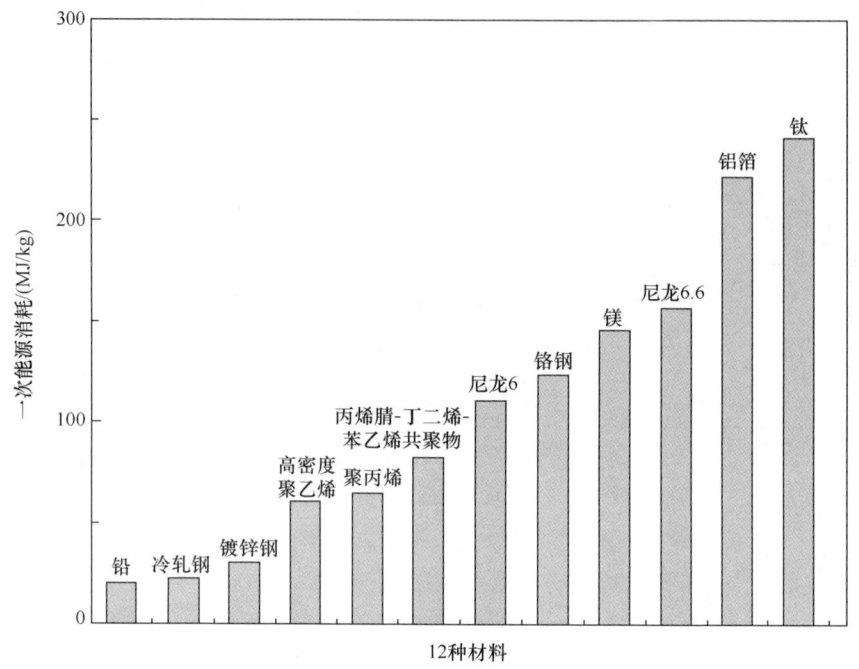

图 7-2　生产 1kg 不同材料消耗的一次能源

（4）再生材料

天然资源需经过开采和复杂的加工之后才能使用。通常,大多数金属材料的再循环性能较好,各种纸、塑料的再生利用也已比较普遍。与天然资源复杂的开采和加工过程相比,再循环材料明显成本较低,环境影响较小。所以,应尽可能减少天然资源的开采,尽可能使用再生、再循环材料。例如,用再生纸制作信封、卫生纸、包装纸;用废塑料制作人造大理石及玩具;以废玻璃为主要原料制造免烧瓷砖,其使用量最大可达 75％,原料不需特殊制备,不仅可节省大量资源、能源,有助于减少 CO_2,而且瓷砖本身还可被再生利用。

目前,很多材料已经可以实现回收和循环利用。常见材料循环利用比例列于表 7-3。

表 7-3　常见材料循环利用比例

材料	循环利用比例（%）	材料	循环利用比例（%）
铝	28	镍	34
钴	2	钢	64
铜	38	锡	13
铅	53	钨	10
钼	11	锌	28

无论最终选择使用哪种材料，都要尽可能减少材料的使用量。用量越少，意味着加工过程中能源消耗越少，成本更低，运输过程中产生的废物越少，产品对环境产生的影响也越小。原材料减量化的最直接措施是尽量使用轻质材料、高强度材料。例如，通过使用塑料等轻质材料替代汽车中的钢铁，减少汽车自重，可以有效降低油耗，改善汽车环境性能。通过使用高强度钢材、降低钢材厚度、改进车体设计等措施，可以在不改变汽车装配过程和使用性能的前提下，使家庭轿车的质量减小，节约生产费用。

同时，要重点突出和强化产品的主要功能，舍弃一些多余的附加功能。不要盲目追求产品的多功能、全功能，每增加一项功能都会增加产品的成本和环境负荷。例如，有些家电产品功能繁多、操作复杂，除主要功能外，大多数功能实际利用率很低，不如将设计重点集中在其主要功能上。

尽量减小产品体积。减小产品的体积，也就减少了材料用量，减小了包装尺寸，能降低运输成本，提高运输效率。在节省材料的同时，更加方便产品的运输和储存。例如，设计可折叠或互相套叠的产品。

2. 生态材料

任何材料的使用都将对环境产生影响。生态材料是在开采、制造和使用过程中对环境影响较小、资源消耗较少、使用不受法规限制的材料。

生态材料的属性如下：

（1）资源储量和供应量充足；

（2）再生、再循环材料供应量充足；

（3）开采、加工和生产过程的能耗较低；

（4）对环境影响很小；

（5）使用不受当前和将来法律法规的限制；

（6）使用寿命较长；

（7）可被再使用或再循环。

在实际应用中，可采用"星形图"（图 7-3）评估生态材料。"星形图"有七个轴，分别代表材料的七个生态属性，对应每个属性的评分标准见表 7-4。

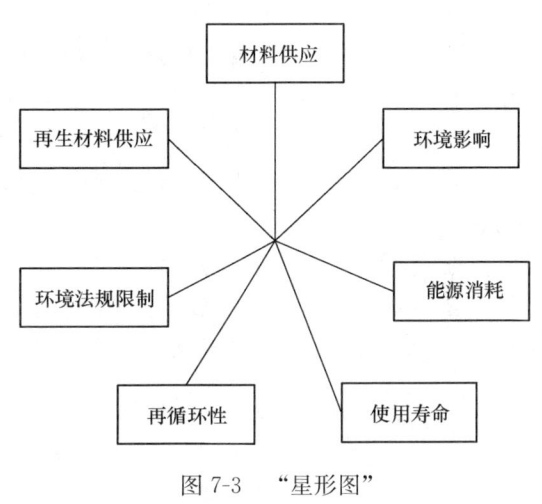

图 7-3 "星形图"

表 7-4 生态材料属性的评分标准

生态属性	评分标准
材料供应	A—耗竭时间大于 100 年 B—耗竭时间在 51～100 年 C—耗竭时间在 25～50 年 D—耗竭时间小于 25 年
再生材料供应	A—全部由再生材料制造 B—再生材料比例大于 50% C—再生材料比例小于 50% D—全部由天然材料制造

续表

生态属性	评分标准
能源消耗	A—每 1kg 材料的能耗小于 50MJ B—每 1kg 材料的能耗为 50~99MJ C—每 1kg 材料的能耗为 100~200MJ D—每 1kg 材料的能耗大于 200MJ
环境影响	A—环境危害指数小于 25 B—环境危害指数为 25~50 C—环境危害指数为 51~75 D—环境危害指数大于 75
环境法规限制	A—对环境友好的 B—不会受到环境法规限制 C—将来可能受到环境法规限制 D—当前受到环境法规限制
使用寿命	A—不受使用寿命的限制 B—在使用环境中缓慢退化 C—在使用环境中中速退化 D—在使用环境中迅速退化
再循环性	A—完全可再循环 B—超过 50% 可再循环 C—低于 50% 可再循环 D—完全不可再循环

表 7-4 中，材料每个属性共有四档评分标准，由好到差依次用 A、B、C、D 表示。按此标准，可给材料的七个属性分别评分，然后将相应的评分标在"星形图"对应的属性轴上。其中，评分为 A 的距离中心最近，评分为 D 的距离中心最远。所以，"星形图"上大多数属性点都靠近中心的是性能较好的生态材料。

图 7-4 是热带气候条件下，金属铝和一种复合塑料分别用作汽车材料的性能分析。由图可见，金属铝在材料供应（储量较丰富）、环境影响（相对较好）、再循环性以及法规限制方面的评分较高，而在再生材料供应（天然铝资源被广泛用于汽车制造）、能源消耗（铝的生产过程需要消耗大量能源）和使用寿命（铝在空气中容易被腐蚀）方面表

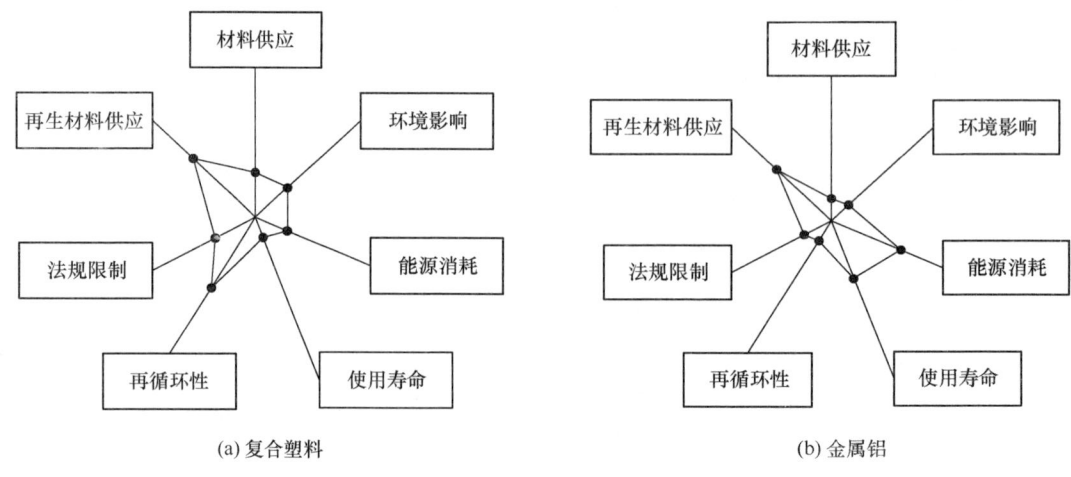

图 7-4 热带气候条件下汽车材料星形图分析

现较差。复合塑料则在材料供应、环境影响、能源消耗、使用寿命和法规限制方面的评分较高，而在再生材料供应和再循环性方面表现较差。可见，两种材料的生态性能都不是很突出，比较起来，铝要稍微好一些。

7.1.3 生态学设计的基本原理

1. 地方性

尊重传统文化和乡土知识；适应场所自然过程；使用当地现有材料。

2. 保护与节约自然资本

保护不可再生资源；尽可能减少包括能源、土地、水、生物资源的使用，提高使用效率；再利用废弃的土地、原有材料，包括植被、土壤、砖石等服务于新的功能。再生资源在自然系统中，物质和能量流动是一个由"资源-消费中心汇"构成的、头尾相接的闭合环循环流，因此大自然没有废物。

3. 让自然做功

城市生态修复是对城市生态关系的修复，通过对城市生态系统分析诊断生态问题形成的关键关系和根本动因，通过积极有限的干预，协调自然过程的相关变量，建立自然过程主导的城市生态系统修复框架和路径，让自然做功。

4. 显露自然

通过视觉生态重新唤起人与自然过程的天然情感联系，帮助人们看见和关注人类在大地上留下的痕迹，让复杂的自然过程可见并可以理解，把被隐藏看不见的系统和过程显露出来。

7.2 工业发展同期中环境影响评价分析

7.2.1 环境影响评价概念及其类型

环境影响评价是指对规划和建设项目实施后可能造成的环境影响进行分析、预测和评估，提出预防或者减轻不良环境影响的对策和措施，进行跟踪监测的方法与制度。按评价对象，环境影响评价可分为两类：建设项目环境影响评价和规划环境影响评价。

1. 建设项目环境影响评价

建设项目环境影响评价（简称项目环评）是指在开工建设前，对建设项目实施后可能造成的环境影响进行分析、预测和评估，提出预防和减轻不良环境影响的对策和措施的过程。建设项目是指按固定资产投资方式进行的一切开发建设活动。如企业、基础设施等的新建和改扩建项目。无论是国有经济、城乡集体经济、联营、股份制、外资、港澳台投资、个体经济，还是其他各种类型的开发活动都要进行环评。

2. 规划环境影响评价

规划环境影响评价（简称规划环评）是指在规划编制阶段，对规划实施后可能造成的环境影响进行分析、预测和评价，并提出预防或者减轻不良环境影响的对策和措施的过程。

规划是指比较全面、长远的发展计划，如国务院有关部门、市级以上地方政府及其有关部门组织编制的土地利用的有关规划，区域、流域、海域的建设和开发利用规划，以及工业、农业、畜牧业、林业、能源、水利、交通、城市建设、旅游、自然资源开发的有关专项规划。

7.2.2 环境影响评价的由来

1964 年，在加拿大召开的国际环境质量评价学术会议上，学者们首先提出了"环境影响评价"的概念。1969 年，美国国会通过了《国家环境政策法》，成为世界上第一个建立环境影响评价制度的国家。随后，瑞典（1970 年）、新西兰（1973 年）、加拿大（1973 年）、澳大利亚（1974 年）等国家都相继建立了环境影响评价制度。经过 60 多年的发展，现已有 100 多个国家建立了环境影响评价制度，其内涵也在不断扩大。20 世纪 70 年代中期，欧美一些发达国家开始认识到项目环评的不足，将环境影响评价的应用逐渐扩展到规划层次上。到 20 世纪 80 年代初期，又将其应用扩展到政策层次。

1979 年 9 月，《中华人民共和国环境保护法（试行）》规定"在进行新建、改建和扩建工程中，必须提出环境影响评价报告书"。该项规定标志着我国的环境影响评价制度正式确立。2003 年，《中华人民共和国环境影响评价法》正式实施。

环境影响评价按时间顺序分为环境现状评价、环境影响预测与评价及环境影响后评价；按评价对象分为规划和建设项目环境影响评价；按环境要素分为大气、地面水、地下水、土壤、声、固体废物和生态环境影响评价等。

7.2.3 环境影响评价的意义

环境影响评价是强化环境管理的有效手段，对指导经济发展方向和保护环境等一系列重大决策都有重要意义。

（1）保证建设项目选址和区域整体布局的合理性。环境影响评价是从建设项目所在地区的整体出发，综合考虑不同方案的项目选址和总体布局对区域整体的不同影响，进行比较取舍，选择最有利的方案，保证建设项目选址和区域整体布局的合理性。

（2）指导制定环境保护对策和措施。环境影响评价工作，根据建设项目或规划提供的具体数据，综合考虑其区域的环境特征，运用现代科学计算和预测方法，通过对建设项目或规划的技术、经济和环境进行论证，可以得到相对合理的环境保护对策和措施，把人类活动造成的环境污染或生态破坏限制在最小范围。

（3）对区域的社会经济发展起指导作用。环境影响评价通过对区域的自然、资源和社会条件以及经济发展状况等进行综合分析，可以掌握该地区的资源、环境和社会承受能力等状况，从而对该地区发展方向、规模和速度，以及产业结构和布局等做出科学的决策和规划，以指导区域发展，实现可持续发展。

7.2.4 我国环境影响评价的实施管理

1. 评价实施时间

环境影响评价应在规划早期或建设项目的可行性研究阶段（从项目立项到计划部门批准设计任务书之前）介入，并贯穿到整个规划或建设项目的实施过程中。并且，只有在环评文件被环保部门批准后，计划部门才可批准规划或建设项目的设计任务书。若在规划或建设项目的环评文件批准前或没有实施环评的情况下就开工建设，则有关部门可根据相关条例立即要求其停建，并给予一定的处罚。

专栏 7-1　海南智创再生资源回收有限公司环评文件弄虚作假案

2022 年 2 月 25 日，琼海市综合行政执法局对海南智创再生资源回收有限公司废旧铅酸蓄电池回收与暂存项目进行核查。发现该公司委托广西泰胜环保科技有限公司编制的建设项目环境影响报告表，存在抄袭琼海市《海南佳祥康庆再生资源回收有限公司环境影响报告表》的情况，其报告表中出现与本项目无关的"筒库排气筒颗粒物估算""二氧化硫""二氧化氮"等参数。琼海市综合行政执法局对该公司环境影响报告表涉嫌弄虚作假行为立案调查。琼海市综合行政执法局于 2022 年 4 月 29 日，对该公司处 60 万元罚款，对该公司法定代表人处 8.6 万元罚款。海南省生态环境厅对编制人员张某失信记分 20 分。琼海市生态环境局撤销了环评批复文件。

——摘自"生态环境部公布第六批生态环境执法典型案例"

---

2. 评价主体

1986 年，我国开始实行环境影响评价单位的资质管理，要求评价主体（即承担项目环评工作的单位）是持有《建设项目环境影响评价资格证书》的单位。该单位应具有一定数量符合要求的专职技术人员，能够进行综合分析评价和预测，并具有法人资格，对评价结论承担法律责任。

目前，我国经过批准有资格从事环评的机构很多。但是，在环评过程中，仍有一定的问题。尤其是在经济利益面前，环评主体一定要提高警惕，保证实事求是地给出自己的评价结论。否则，可能会因决策部门不了解规划或建设项目带来的环境影响，而使其得不到充分的预防，给区域、国家造成不可估量的损失。

专栏 7-2　环评风暴

2024 年 3 月 8 日，生态环境部部长黄润秋在十四届全国人大二次会议第二场"部长通道"集中采访活动中表示，近年来，各地相继曝出环保服务机构及企业，在环评文件的编制及企业自行监测过程中数据造假的行为。这些造假行为五花八门，花样层出不穷。比如在环评文件编制过程中，编造数据假冒他人签名；在环境监测过程中更换监测样品，干扰监测探头，编造假报告假台账，篡改计算机参数；更有甚者，用黑客程序侵入公共计算机系统，修改监测数据，性质极其恶劣。这些违法行为，破坏了公平的市场秩序，极大地损害了政府的公信力和老百姓的环境权益，我们会同最高法、最高检、公安部、市场监管总局，共同针对第三方社会环保服务机构造假的问题开展为期 4 年的专项整治，打击第三方环保服务机构造假等问题。

——摘自"生态环境部部长怒批环评造假：冲击底线、绝不容忍、坚决打击"

思政小结

生态设计和环境评价是工业生态学中的两个重要方面。生态设计是在工业设计中考虑生态环境保护和可持续发展的设计思想和方法，环境评价是对工业活动环境影响的评估和分析。在思想政治教育中，生态设计和环境评价可以引导学生认识工业发展与生态环境的关系，培养学生的环保意识和责任感。生态设计是一种以生态环境保护和可持续发展为目的的工业设计方法，可以减少工业活动对生态环境的负面影响，提高工业活动的效益和可持续性。环境评价可以提高学生对工业活动环境的认识。环境评价是对工业活动环境影响的评估和分析，可以帮助人们了解工业活动对环境的负面影响和危害，提高人们对环境保护的认识和意识。

思考题

1. 生态设计要遵循的原则有哪些？
2. 你了解哪些生态学设计的基本原理？基本内容是什么？
3. 你觉得生态设计的意义有哪些？
4. 规划环境影响评价与建设项目环境影响评价的异同点分析。
5. 对比我国环境影响评价制度与发达国家环境影响评价制度的异同点，分析我国环境影响评价制度的特点和发展前景。
6. 结合你的专业知识和对社会的认识，分析我国规划环境影响评价还存在哪些尚需改进的地方，并说明其原因。

8 产业生态系统的演化与发展

> **教学目标**
>
> **教学要求**：了解产业生态系统的演化与发展，认知生态工业园区的系统集成及产业共生的概念；理解不同类型生产物流的特征及影响，掌握物质流的模型及分析；了解企业的绿色化与智能化管理体系新进展。
>
> **教学重点**：正确分析生产流程中物流对能耗、物耗的影响。
>
> **教学难点**：工业产业生态学设计中存在的难点问题。

8.1 产业生态系统与生态工业园

8.1.1 产业生态系统

生态产业是按生态经济原理和知识经济规律，以生态学理论为指导组织起来的、基于生态系统承载能力、具有高效生态过程及和谐生态功能的产业，是在社会生产活动中应用生态工程方法，突出整体预防、生态效率、环境战略、全生命周期等重要概念，模拟自然生态系统建立的一种高效的产业体系。

产业生态系统是可持续发展理念的重要内涵之一，是 20 世纪 80 年代提出的一个新概念。1987 年，世界环境与发展委员会在《我们共同的未来》报告中第一次阐述了可持续发展的概念，得到了国际社会的广泛共识。可持续发展是指既满足现代人的需求又不损害后代人满足需求的能力，经济、社会、资源和环境保护协调发展，它们是一个密不可分的系统，既要达到发展经济的目的，又要保护好人类赖以生存的大气、淡水、海洋、土地和森林等自然资源和环境，使子孙后代能够永续发展和安居乐业。很明显，生态产业不同于"传统产业"及"现代产业"，但又是"传统产业"及"现代产业"的继承和发展。

产业生态学是一门"研究可持续能力的科学"。起源于 20 世纪 80 年代末 R. Frosch 等模拟生物的新陈代谢过程和生态系统循环再生过程所开展的"工业代谢研究"，其是模拟生物和自然生态系统代谢功能的一种系统分析方法。

现代工业生产是一个将原材料、能源和劳动力转化为产品和废物的代谢过程。1991 年，美国国家科学院与贝尔实验室共同组织了首次"产业生态学"论坛，对产业生态学的概念、内涵和方法及应用前景进行了全面系统的总结。贝尔实验室的 C. Kumar 认为："产业生态学是对产业活动及其产品与环境之间相互关系的跨学科研究"。生态产业是继经济技术开发、高新技术产业开发发展的第三代产业。

生态产业是包含工业、农业、居民区等的生态环境和生存状况的一个有机系统。通过自然生态系统形成物流和能量的转化，形成自然生态系统、人工生态系统、产业生态系统之间共生的网络。生态产业横跨初级生产部门、次级生产部门、服务部门，包括生态工业、生态农业、生态服务业（第三产业）。

产业生态系统是指在一定的区域或范围内，由制造业企业和服务业企业组成，通过企业间物质循环和能量流动的相互作用、相互联系而形成的体系。即把产业经济活动视为一种类似于自然生态系统的循环体系，其中一个企业产生的废物作为下一个企业的原料，形成企业"群落"（产业链）。（图 8-1）

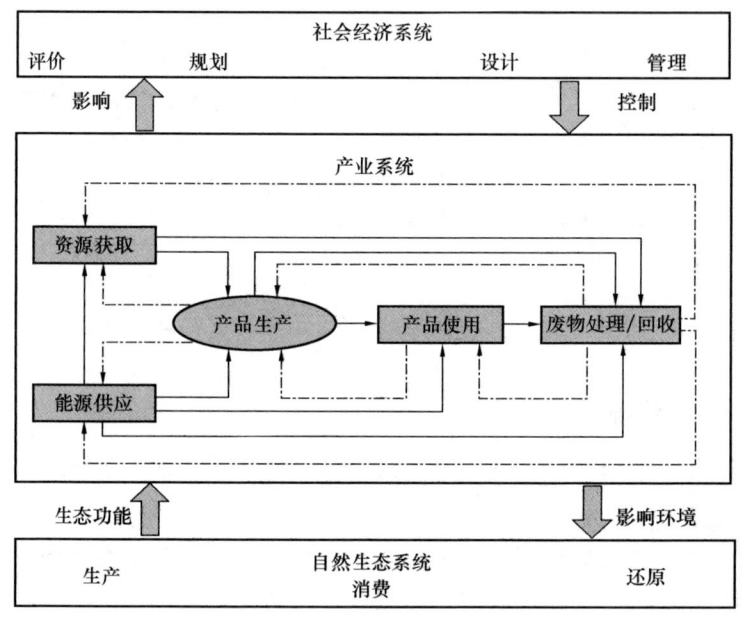

图 8-1 产业生态系统的模型示意图

可以运用生态学、经济学、技术科学及系统科学的基本原理与方法来规划和设计产业系统、经营和管理经济活动，以促进产业与生态的和谐、可持续发展。

借鉴自然生态系统原理，人们开始探讨构建生态产业链和产业网的可能性。生态产业不同于传统产业，其将生产、流通、消费、回收、环境保护及能力建设纵向结合，把不同行业的生产工艺进行横向耦合，将生产基地与周边环境纳入整个生态系统统一管理，谋求资源的高效利用和有害废弃物向系统外的零排放；以企业的社会服务功能而不是产品或利润为生产目标，谋求工艺流程和产品结构的多样化，增加而不是减少就业机会；有灵敏的内外信息网络和专家网络，能适应市场及环境变化而随时改变生产工艺和产品结构；工人不再是机器的奴隶，而是一专多能的产业过程的自觉设计者和调控者；企业发展的多样性与优势度、开放度与自主度、力度与柔度、速度与稳度达到有机的结合，污染负效益变为资源正效益。产业生态系统建设需要在技术、体制和文化领域开展一场深刻的革命。

8.1.2 生态工业园

1. 生态工业园的概念、特点及发展趋势

1）生态工业园的概念

生态工业园区是依据循环经济理论和工业生态学原理而设计的一种新型工业组织形态，是生态工业的聚集场所。其遵从循环经济的减量化（Reduce）、再使用（Reuse）、再循环（Recycle）的 3R 原则，其目标是尽量减少区域废物，将园区内一个工厂或企业产生的副产品用作另一个工厂的投入或原材料，通过废物交换、循环利用、清洁生产等手段，最终实现园区污染物"零排放"。

工业生态学将工业园区一个人工生态系统设想为自然生态系统，也存在着物质、能量和信息的流动与储存，并通过工业代谢研究和利用生态系统整体性原理，将各种原料、产品、副产物乃至所排放的废物，利用其物理、化学成分间的相互联系、相互作用，互为因果地组成一个结构与功能协调的共生网络系统。从环境保护角度来看，生态工业园区才是最具环保意义和生态绿色概念的工业园区。

生态工业园区与一般工业园区有着本质的区别，园区内企业间的关系更为复杂困难。在生态工业园区内，由于一个企业产生的"废物"或副产品是另一个企业的"营养物"，彼此靠近的工业企业或公司形成一个相互依存、类似于自然生态食物链过程的"工业生态系统"。其可用"工业共生""要素耦合"和"工业生态链"等概念来表征这种工业企业间的关系。

2) 生态工业园区的特点

与传统工业相比，生态工业园有以下几个特点：

(1) 工业生产及其资源开发利用由单纯追求利润目标，向追求经济与生态相统一的生态经济目标转变，工业生产经营由外部经济的生产经营方式向内外经济性相统一的生产经营方式转变。

(2) 生态工业在工艺设计上十分重视废物资源化、废物产品化、废热废气能源化，形成多层次闭路循环、无废物无污染的工业体系。

(3) 生态工业要求把生态环境保护纳入工业的生产经营决策要素之中，重视研究工业的环境对策，并将现代工业的生产和管理转到严格按照生态经济规律办事的轨道上来，根据生态经济学原理来规划、组织、管理工业区的生产和生活。

(4) 生态工业是一种低投入、低消耗、高质量和高效益的生态经济协调发展的工业模式。

3) 生态工业园区的分类

(1) 按形成形态分类

① 改造型园区——是对现已存在的工业企业通过适当的技术改造，在区域内成员间建立起废物和能量交换关系的园区。

② 全新型园区——是在园区良好规划和设计的基础上，从无到有地进行开发建设，使得企业间可以进行废物、废热等交换的园区。

③ 虚拟型园区——是利用现代信息技术，通过园区信息系统，首先在计算机上建立成员间的物、能交换联系，然后再在现实中加以实施的园区。

虚拟型园区不严格要求其成员在同一地区，园区内企业可和园区外企业发生联系，省去建园所需的昂贵购地费用，避免建立复杂的园区系统和进行艰难的工厂迁址工作，具有很大的灵活性。其缺点是可能要承担较昂贵的运输费用。

(2) 按决策权及依赖关系分类

① 企业集团主导园区——是由一个大型集团企业自主形成的生态工业园区。
② 核心企业主导园区——是由一个或几个核心企业自主形成的生态工业园区。
③ 虚拟主导型园区——是由多个企业组成动态企业联盟，决策权分布于园区内。
4）生态工业园的发展趋势

20世纪90年代以来，生态工业园区开始成为世界工业园区发展领域的主题，并取得了较丰富的经验。工业园区的发展历程，大致可以划分为经济技术开发区、高新技术产业开发区和生态工业园区三个阶段。

2. 生态工业园区的国际实践

生态工业园区正在成为许多国家工业园区改造和完善的方向。丹麦、美国、加拿大等是工业园区环境管理先进的国家，很早就开始规划建设生态工业示范园区。其他如泰国、印度尼西亚、菲律宾、纳米比亚和南非等发展中国家也正积极兴建生态工业园区。

目前，国际上最成功的生态工业园区是丹麦的Kalunborg生态工业园区。该园区以发电、炼油、制药和石膏制板四个厂为核心企业，把一家企业的废弃物或副产品作为另一家企业的投入或原料，通过企业间的工业共生和代谢生态群落关系，建立"纸浆—造纸""肥料—水泥"和"炼油—肥料—水泥"等工业联合体。发电厂以炼油厂的废气为燃料，其他公司与炼油厂共享发电厂的冷却水；发电厂煤炭燃料的副产品可用于石膏板厂生产水泥、石膏板和铺路材料；发电厂的余热可为养鱼场和城里的居民住宅提供热能。该园区以闭环方式进行生产的构想，要求各个参与厂家的输入和产品相匹配，形成一个连续的生产流，每个厂家的废物至少是另一个合作伙伴的有效燃料或原料。同时，对各参与方来讲，必须具有节省成本等经济效益。Kalunborg的工业共生仍在不断进化，其成功提示着人们为创造这种副产品交换网络的可能性。

1993年开始，美国生态工业园区发展迅速，已建立近20个各具特色的生态业园区。田纳西州小城Chattanooga曾经是一个以污染严重闻名全美的制造业中心。该园区以杜邦公司的尼龙线头回收为核心推行企业零排放改革，减少了污染，带动了环保产业的发展，在老工业区发展了新的产业空间。而今，旧钢铁铸造车间已变成一个用太阳能处理废水的生态车间，旁边是利用循环废水的肥皂厂，紧邻的是急需肥皂厂副产物做原料的另一家工厂，这样建立起一个完整的生态工业网络。这种革新方式对老工业区改造很有借鉴意义，并且更能适应老工业企业密集的城市。

美国俄克拉荷马州基于大量的废轮胎资源，采用高温分解技术将这些废轮胎资源化得到炭黑、塑化剂和废热等产品，进而衍生出不同的产品链，与辅助的废水处理系统一起构成了一张工业生态网。其特点是基于园区所在地丰富的特定资源，采用废物资源化技术构建出核心工业生态链，进而扩展成工业生态网。

Brownsville园区在原有成员的基础上，不断引入如热电站，废油、废溶剂回收厂等新成员来担当工业生态网的"补网"角色，形成虚拟生态工业园区。

1995年以来，加拿大多伦多Portland工业区逐步展开生态工业园区项目，汇集了有废物和能量交换潜力的多种制造和服务行业。目前，加拿大约40个生态工业园区中有9个被认为具备很强的生态工业性质。

3. 生态工业园区的国内实践

国内也有很多工业园区在生态产业方面进行了非常有益的实践和大胆探索。

1) 贵港国家生态工业示范园区

广西贵港国家生态工业（制糖）示范园区是国内最典型的生态工业示范案例。该园区以贵糖（集团）股份有限公司为核心，以蔗田、制糖等 6 个系统为框架，通过盘活、优化、提升、扩展等步骤，在编制的《贵港国家生态工业（制糖）示范园建设规划纲要》基础上逐步完善。

贵港国家生态工业（制糖）示范园区由 6 个系统组成（图 8-2）。

（1）蔗田系统。负责向园区生产提供高产、高糖、安全、稳定的甘蔗，保障园区制造系统有充足的原料供应。

（2）制糖系统。通过制糖新工艺改造、低聚果糖技改，生产出普通精炼糖及高附加值有机糖、低聚果糖等产品。

（3）酒精系统。通过能源酒精工程和酵母精工程，有效利用甘蔗制糖副产品——废糖蜜，生产出能源酒精和高附加值的酵母精等产品。

（4）造纸系统。充分利用甘蔗制糖的副产品——蔗渣，生产出高质量的生活用纸、文化用纸和高附加值的 CMC（羧甲基纤维素钠）等产品。

（5）热电联产系统。通过使用甘蔗制糖的副产品——蔗髓替代部分燃料煤，热电联产，供应生产所必需的电力和蒸汽，保障园区整个生产系统的动力供应。

（6）环境综合处理系统。为园区制造系统提供环境服务，包括废气、废水的处理，生产水泥、轻钙、复合肥等副产品，并提供回用水以节约水资源。

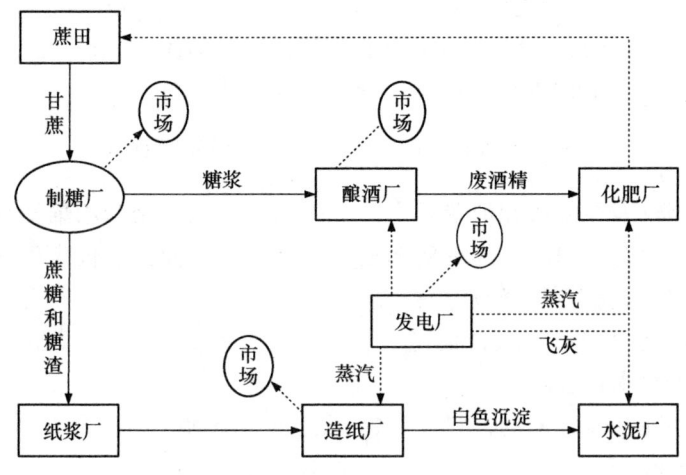

图 8-2 贵港国家生态工业（制糖）示范园区示意图

这 6 个系统关系紧密，通过副产物、废弃物和能量的相互交换和衔接，形成了比较完整的闭合工业生态网络。"甘蔗—制糖—酒精—造纸—热电—水泥—复合肥"这个多行业综合性的链网结构，使行业间优势互补，达到园区内资源的最佳配置、物质的循环流动、废弃物的有效利用，将环境污染减少到最低水平，大大加强了园区整体抵御市场风险的能力。这种以生态工业思路发展制糖工业的做法，为我国制糖工业结构调整、解决行业结构性污染问题开辟了一条新路。

2）南海国家生态工业示范园区

广东南海国家生态产业示范园区是我国第一个全新规划型国家级生态工业园区，其主导产业定位为高新技术环保产业，包括环境科学咨询服务、环保设备与材料制造、绿色产品生产、资源再生4个主导产业群。

在对核心企业进行分析的基础上，根据上下游关系、技术、经济可行性及环境友好等要求，规划出供园区建设参考的工业生态链（图8-3）。

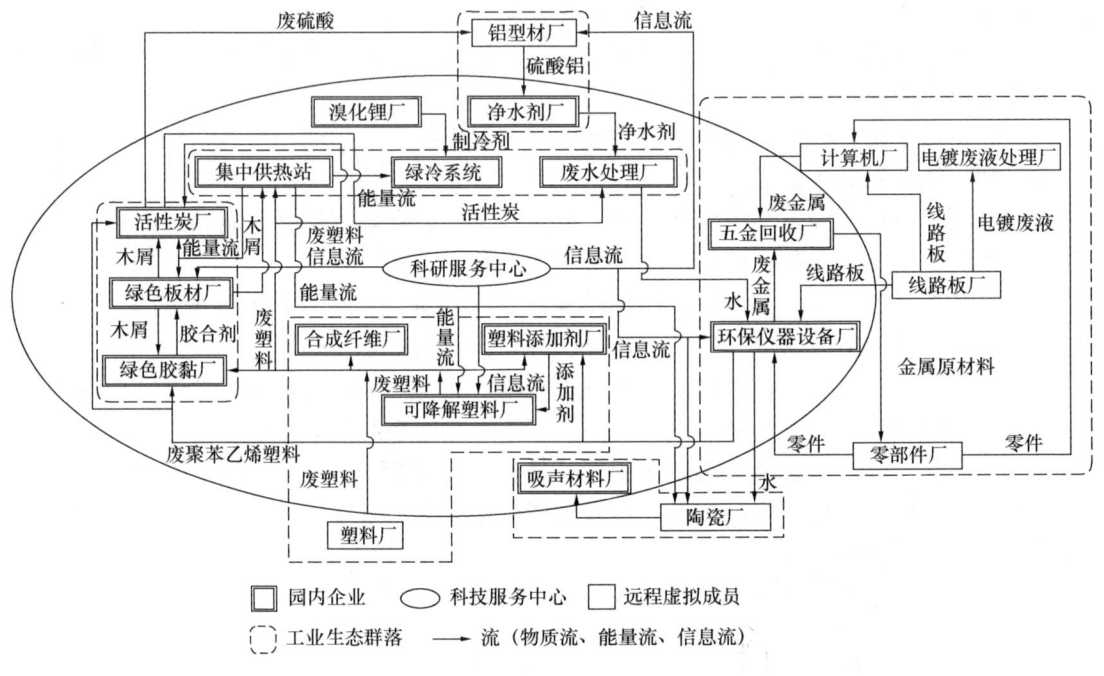

图8-3 广东南海国家生态工业示范园区示意图

（1）环保仪器仪表在制造和消费后会产生废旧金属和废聚苯乙烯塑料，将废金属与计算机厂的废旧金属合并回收，经重新加工成零部件，返回仪器仪表厂使用。

（2）废旧聚苯乙烯塑料与降解塑料厂的废塑料合并，供应绿色胶合剂、活性炭和化学添加剂的生产，其中的绿色胶合剂可供板材加工厂使用，化学添加剂返回塑料厂使用，活性炭则供给废水处理厂。

（3）废塑料还能与园外来的塑料废弃物一起作为降解塑料厂和合成纤维厂的原料，进行物质的闭路循环。

（4）绿色板材厂的树皮等废弃物生产的胶合剂，返回板材加工使用；木屑等废物能生产活性炭，应用到废水处理厂。

（5）生产活性炭产生的废硫酸经处理可与铝型材厂产生的铝渣生产硫酸铝型净水剂，并应用到园区的废水处理厂。

（6）园区废水经处理可再用于环保仪器制造的清洗，然后可作为陶瓷生产的磨石用水。

（7）溴化锂生产厂生产的溴化锂可应用于空调中，采用集中供热提供的热量进行制冷，在园区内为新型空调器的应用起到示范作用。

（8）线路板厂生产的线板产品可供计算机厂和仪器仪表厂使用，其废水经分类处理回收，可再用于其他用水单元。

（9）将园内企业不可回收的废塑料、废木材进行焚烧，回收热量，进行集中供热，满足活性炭、板材和塑料等厂家生产的用能需要。

3）衢州沈家生态工业园区

浙江省衢州沈家工业园区紧邻无机化工原料基地和氟化工基地，易获得充足的化工原料，具备发展精细化工的有利条件。园区已有几十家化工企业入驻发展，并成为当地经济发展支柱。由于化工企业易造成环境污染，使园区保持水体清洁任务十分艰巨。园区在规划建设过程中，着重从以下几个方面入手：

（1）产品规划和物质集成。通过对园区产品和企业现状的充分分析，综合考虑集聚性、市场风险性、技术可行性等因素，辨析出适合园区发展的优势产品集合，提出物质替代和源头削减、废物利用和交换、废物再循环3个不同层次的物质集成方案，最后对园区企业区划进行探讨。

（2）废水集成。在对园区企业用水、排水整体情况进行科学分析的基础上，详细讨论了企业内部、企业间及园区整体3个不同空间范围内拟采用的技术性对策，以有效改善园区的废水系统和园区整体水环境；提出包括加强对企业用水、排污、治污信息进行采集和加工及合理的水资源收费和废水处理设施使用收费等在内的一系列管理方案，对企业用水、排水行为进行调节。

（3）信息系统建设。该系统包括入园企业评价系统和生态工业园区管理信息系统。前者能够科学评价企业发展前景、经济效益、环境效益以及入园后对园区的贡献等多方面因素，为园区招商管理和决策提供依据；后者将推动园区的高效管理，并为企业和园区的互动提供重要途径。

8.1.3 产业共生

1. 产业共生的概念与内涵

"共生"指两种或多种生物间以某种模式进行相互依存和作用、形成共同生存、进化的共生关系，属于生态学范畴的理论概念，1879年由德国生物学家德贝里（Anion debary）首次提出。

产业共生是模仿自然生态系统提出的新概念。在经济学视角下，共生特指经济主体相互间存续性的物质联系，抽象意义上表现为共生单元间在共生环境中按某种共生模式形成的关系。产业共生最被广泛传播接受的概念来自于丹麦卡伦堡公司出版的《产业共生》，书中定义："产业共生是指通过不同企业间的合作共同提高企业的生存能力和获利能力的同时，通过这种共生实现对资源的节约和环境保护"。这里产业共生的核心是相互利用副产品的产业合作关系。

产业共生是一个完整的产业生态系统，各产业企业之间，因同类资源共享或异类资源互补形成共生体，从而促进内部或外部、直接或间接的资源配置效率的改进，增加了企业效益并推动该产业的发展。

产业共生属于一种特殊而复杂的经济关系，既具有经济特征，又具有生态特征。企业间产业共生连接的纽带是传统上被认为"毫无价值"的废弃物。它以追求经济价值和环境改善为双重目标，受政策法规、技术变革等影响更为强烈。

综上分析,产业共生的内涵主要包括以下要点:

第一,产业共生是现代产业企业模仿自然生态系统的组织创新模式。它模仿自然界生物种群的共生关系交互作用原理,在企业间建立生产者—消费者—分解者生态产业链,彼此间通过废弃物交换而达到资源循环利用和物质使用的减量化与污染低排放甚至零排放。

第二,产业共生是指企业间的竞合关系。它不仅包含合作,同时包含竞争和优胜劣汰;企业间不仅包含物质流、能量流间的副产品利用,而且包含信息流、人才流、技术流和创新流等方面的全面合作。

第三,产业共生是一个更大空间的合作网络。它由企业间生产过程中的副产品合作跨越到企业间的全方位合作,及由企业间扩大到企业、社区与政府公共部门间更广泛的合作,通过这种合作,共同提高企业的经济效益与生态效益。

2. 产业共生的基本特征

(1) 形成共生的群落性

传统产业的集聚只是在一定区域内相关企业的简单叠加,所产生的是关联效应。而产业共生具有类似于生物群落的群落特征,它由多个彼此相关联的企业互相进行合作,特别是通过产业系统内物质封闭循环、物质减量化和能源脱碳等方法实现产业重组,使群落内的总体资源得到最优化利用。在外部形态上,共生产业常表现为一定地理范围内的大小有别,分别处于产业链上、中、下游不同位置的产业群的相互结合。群落式的共生是相邻的几个产业不同又能互补的企业,它们建立在企业间长期合作互信的基础上,利于企业间信息交流及废弃物和资源的交换,以获得规模经济和外部经济。

(2) 融合性

产业融合强调产业边界的位置,并以形成新的产业业态为其根本标志。产业共生中的融合更关注产业创新及其价值增殖过程中的业务连接关系,从实现方式上看,技术的互补、产品的供需、业务模块的组合等都可以促进共生视角下的融合。在产业共生框架下,融合是共生的前提,没有融合就不可能产生共生。由产业共生而定义的融合,与产业价值创造和实现的天然属性相联系。共生意义上的融合是以价值共创为基本前提。

(3) 资源使用的循环性

产业共生体系具有循环的特征。把传统的由"资源—产品—废物"构成的物质单向流动的生产过程,重构组织成一个"资源—产品—再生资源—再生产品"的反馈式流程和"低开采、高利用、低排放"的循环经济模式,使经济系统和谐地纳入到自然生态系统的物质循环过程中。在这个产业发展模式中,每一个生产过程中产生的废弃物都可能变成下一生产过程的原料。

(4) 上下游产业的关联性

生态产业的主要做法是将上游企业的废弃物用作下游企业的原料或能量,但并不意味着上游企业想产生什么废弃物或多少废弃物都可以。相反,在形成共生的"食物链"中首先要减少上游企业的废弃物,尤其是有害物质。即系统中每一环节都要进行资源削减,要考虑整个共生链对资源的需求程度与对共生链排污量的接纳能力。否则,就可能因为某一环节的失调造成共生"食物链"的失控。

(5) 生产成果的增值性

产业共生体的目标是在减少污染、节约资源、保护环境基础上互利与共赢，取得增值效应。产业共生体摒弃了传统产业发展中把经济与环境分离、使两者产生冲突的弊端，真正使发展经济与环境保护有机地结合起来，这种共生系统所产生的实质环境和经济效益是其得到推崇的根本原因。

3. 产业共生的内在机理及其结构模式

产业共生涉及多个共生单元。假定 A、B 分别为产业的业务模块 A 与模块 B，并认为 A 和 B 具有连接成为共生体的可能。理论上讲，由于共生性质的约束，当 A 和 B 共同出现时，它们就具有了结合发展的必然性。也就是说，单独的 A 或者单独的 B 或许都有可能独立存在，但 A 和 B 同时出现时，至少有一个 A 或 B 需要依赖于 B 或 A。以食品加工业与农业为例，农业出现后，并不需要食品加工业，但食品加工业出现以后，它就不可能离开农业而独立存在。而一旦 A 和 B 结合，就有三种情形出现，即：一方的利益显著增进而另一方的利益并无损失；或者双方的利益均同时增进；或者一方利益增进的同时，另一方的利益降低，但两者的利益总量得到提高。很明显，在前两种情形下，市场机制可以自主推动产业共生形成，而第三种情况则需要介入外力施加主体，如政府或企业。

如果产业间形成了共生关系，产业间的资源交换行为就会发生，这既是共生关系确立的基本前提，也是产业共生内在机理的重要构成部分。由此可以区分出三类不同的资源交换模式，得出三种不同的共生结构模式。

(1) A 和 B 共享并使用同一资源的结构模式（图 8-4）。其主要发生在企业内产业共生系统。因为在同一企业内，发展不同产业的业务模块 A 和 B 需要使用同一资源，这涉及企业总量资源的分配问题。

(2) A 和 B 使用的资源完全分离的结构模式（图 8-5）。其主要发生在企业间的产业共生系统。因为企业可以集中到某一产业业务模块中从事专业化经营，因专业化所带来的增量收益可以用于购买外部其他产业的业务模块。此时，两类产业业务模块并不必然地发生资源使用的重叠。

(3) A 和 B 使用的资源具有部分重叠的结构模式（图 8-6）。其主要发生在企业间产业共生系统。因为某一企业所需要的业务模块 A 或 B 可以采用资本控股或者通过与外部企业建立良好的交易关系并形成稳定、排他的内部供应机制等方式获得另一企业的产业业务模块 B 或 A。当然，这需要占用本企业的部分资源而得到自己所需的产业业务模块。

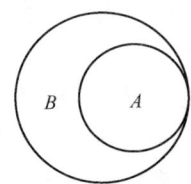

图 8-4 A 和 B 共享并使用同一资源的结构模式

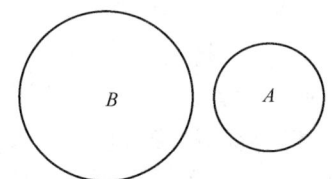

图 8-5 A 和 B 使用的资源完全分离的结构模式

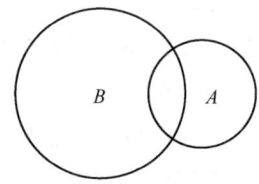

图 8-6 A 和 B 使用的资源具有部分重叠的结构模式

4. 产业与产业间的共生关联

共生产业与产业间的关系是理解共生模式最重要的因素。其关系主要有以下四种：

(1) 互利型产业共生

互利型产业共生是指两个或两个以上成员企业通过互利共存、优势互补组成利益共同体，共生的企业都能在与对方的物质流交换中获得利益。成员企业通过采取协作化、集团化、一体化、战略联盟、关系营销、联合投资等方式，将竞争与冲突转化为目标共设、利益共享、风险共担的联盟。

互利产业共生型的基本特征主要有：系统中没有明显的主动、被动之分；产业地位平等，共同生存，缺一不可；产业间的链接稳定；物质在这种共生关系中形成近似封闭的循环系统。

(2) 寄生型产业共生

寄生型产业共生是指寄生型产业依附于寄主产业，寄居在寄主产业的区域系统之内，与寄主组成一个有机联系的有序系统中的一种共生关系。

寄生型产业从被寄生产业处获取自身生产所需的各种原材料，并以此减轻被寄生产业的环境污染压力，依靠寄主废弃物外包业务获取利益，因获取了资本、原材料或收益而得以借势生存。寄生型产业共生中有明显的寄主产业和寄生产业之分，一个寄主产业可以带动多个寄生产业。寄主产业在资源使用、生产工艺、流程设计、产品设计等方面具有十分明显的优势，而且拥有一定数量规模的废弃物。寄生共生体一般不产生新的价值增值活动，它只能改变寄主产业的已有价值或进行物质的重新分配，价值或物质从寄主产业单向流向寄生产业。寄生系统中由于寄主产业能稳定地提供"工业食物"，从而使产业间的寄生关系比较稳定。

(3) 偏利型产业共生

偏利型产业共生指共生体系中一方有利而另一方既没有因此受害也没有直接获利或获利很少。

偏利型产业共生的主要特点是产生新的价值，但这种新价值一般只向共生关系中的某一企业转移，或者说某一产业共生获得全部价值。其存在双向的物质流、信息流和价值活动。

(4) 附生型产业共生

附生型产业共生通过一连串前后关联的产业构成一个连续"链状"的稳定模式，通常由核心企业和附属企业组成。

附属企业为核心企业扩大生产规模、增强销售产品，从核心企业获取利益。企业间利益关联较小，即在无附主条件下，附属企业也可独自存活。

核心企业可自由选择附属企业，后者也可自由转移附主，企业间实现动态联盟、合作。当这些成员企业间利益关系和资源利用等关系发生改变时，就可重组。

附生型产业共生系统较脆弱，当某一关键环节出现断裂或缺失，整个生态系统面临崩溃，因而造成共生成本过高，产业生态系统效率下降。

5. 产业共生到产业生态体系

产业共生是产业生态体系中企业的一种优化组织形式。

产业共生比产业集群（Industrial Cluster）有更丰富的内涵。因为产业共生不但要求企业通过集聚形成产业集聚，而且还要求集聚企业间必须通过环境方面的合作来实现整合效益的优化。

产业共生网络由各类企业在一定价值取向指引下，按市场经济规律为追求整体综合效益（包括经济、社会和环境效益）的最大化而彼此合作形成的企业及企业间关系的集合，是构成产业共生体的必要条件和核心内容。

产业共生体系是由产业共生网络及其依存环境（资源禀赋、制度安排、技术进步等）所构成的整体。在一定程度上可以说，企业及企业间共生关系构成了产业共生网络，而产业共生网络及其依存环境构成了产业共生体系。

8.2 生产流程中物流对能耗、物耗的影响

8.2.1 生产流程与物流管理

1. 生产物流的特征及不同类型生产物流特征比较

生产物流是指企业在生产过程中所发生的物流，包括原材料、半成品和成品的仓储、装卸、搬运、包装、管理和相应信息的处理和传递，以及这些物流活动进行时所需相关物流设备和软件所构成的整体系统。其含义为：

（1）从工艺看，生产物流是与整个生产工艺流程相伴而生，是原材料、半成品及成品随依次进行的生产工序而不断流动。因此，生产物流系统的边界起于原材料、燃料和外购零部件在企业内开始卸货，终于产品完成成品包装运入企业内部仓库或直接装入外运运输设备。

（2）从物流范围看，生产物流存在于企业的边界内，贯穿于企业范围内的车间、工段、工作地、仓库等场所。

（3）从物流属性看，企业生产物流包含于生产所需物料在时空上运动的全过程，即生产物流是动态的生产系统。所以，生产物流是由物流活动连接的独立于各生产环节所组成的系统。

无论从以上哪个角度看，生产物流都具有以下特征：

（1）连续性。生产过程表现为物料在不停地流动中。时空的连续性成为生产物流的管理范围。生产物流要求生产环节在空间布置上合理、紧凑，在时间上尽量减少物料的等待时间。

（2）协调性。协调性是指在每个工序的生产能力上要保证比例协调，如果出现某一生产环节能力过剩或不足，必然会出现局部或整体的等待时间。

（3）节奏性。要求各生产环节在生产节奏上保持同一生产速度，不能出现时紧时松的情况。此外，在规定的时间内应该生产出所需要的数量。

（4）柔性。柔性是指生产不同产品的转换成本比较小，从而使加工制造具有灵活性、可变性和可调节性。柔性的要求是应市场多样化、个性化要求所产生的。

根据生产物流连续性、品种种类和产量，可将生产物流细分项目型、单一品种小批量型、多品种小批量型、单一品种大批量型和多品种大批量型五种（表8-1）。

表 8-1 五种生产物流特征比较

类型	生产物流特征	适用产品
项目型	物料采购量大,物流成本高,对供应商管理较难,对生产柔性要求极高	纯项目型产品(如基础设施)、准项目型产品(如飞机、船舶)
单一品种小批量型	物料需求与具体产品制造存在对应关系;不能从物料消耗和物流作业中总结出规律,难以对其进行物流控制;物料供应商较多,外部物流难以实现有效控制	机械型钟表
多品种小批量型	以物资需求计划和准时生产制实现消费者个性化需求对产品的拉动,内部库存成本低;财务管理系统混流生产给物流供应带来很大复杂性和管理难度;物料消耗容易确定,容易对整个物料供应实现计划和控制;物料供应商较多,难以对其进行外部物流协调	时装、装饰品
单一品种大批量型	生产重复度高,易对单件商品物料供应进行有效控制;采用标准化生产模式,利于对生产过程中物流进行计划;利于对供应商和外部物流控制;能通过引入各种先进的物流设备使物流成本整体下降	煤炭、发动机
多品种大批量型	产品设计、工艺设计相对稳定,物料消耗定额易准确制订。快速客户需求目标生产模式可改善整个物流成本结构;大规模定制生产模式要求对物料供应、产品分销、零部件制造商选择具有全球化、电子化和网络化趋势	汽车、家电

2. 不同生产模式对生产物流管理与控制的影响

生产模式的不同在很大程度上影响物流模式。不同生产模式体现了企业在一定市场环境下的生存哲学,它对管理、物流、组织、协作等方式的内容有十分重要的决定作用。制造业发展过程经历了作坊式单件生产、福特流水线式规模生产和多品种小批量精益生产阶段。作坊式单件生产模式并不存在现代意义上的物流系统。物流系统是规模生产模式的产物,并在精益生产模式下获得快速发展。

(1)规模生产模式对生产物流管理与控制的影响

规模生产模式(Mas Production,MP)是"二战"后市场对产品需求剧增的产物。在市场对同质产品数量需求增加的状态下,以美国企业为代表的大批量生产方式逐渐取代了欧洲传统的手工单件生产方式。泰勒、甘特和福特等管理学家为推动大批量生产方式起了十分重要的作用。

1911年,弗雷德里克·泰勒提出了以工序标准化、作业分工和计件工资制为基础的"科学管理原理";亨利·甘特通过甘特图的设计实现了对生产过程的计划和控制,使制造过程能在一定的许可范围内严格按照计划进行;亨利·福特提出作业单纯化和产品标准化原理,通过严格规定每个工序的标准时间定额来实现生产成本的降低,而福特汽车流水线成为生产同质标准化产品的大批量生产模式诞生的标志。

MP以规模带动效益,通过流水线等专用设备的应用使生产成本降低,并由此产生价格上的竞争力。这种生产模式在充分满足市场需求的基础上推动了工业化的进程和世界经济的高速发展。MP模式下的物流管理同时也打上了MP的烙印,即物流活动事先必须制定物料消耗定额,然后编制各级生产进度计划来对物流活动进行控制,同时利用库存制度对采购和供应等环节进行协调。生产物流中的库存是为了避免生产中由设备和供应等不确定因素造成的外界风险,从而对生产中的库存强调风险管理。适当的库存是缓冲生产环节间的矛盾和生产连续进行的保障。在此基础上,生产物流系统与生产系统和销售系统形成了高度的协同性和一致性。

(2) 精益生产模式对生产物流管理和控制的影响

精益生产模式(LP)也称多品种小批量生产模式,是20世纪70年代由日本制造业推动的一场针对MP的革命。由于市场环境的变化,消费者强势的形成、消费者偏好的变化以致使产品品种增加,产品成本结构由于间接劳动成本、外购部件而发生变化,产品的生命周期明显缩短,交货期和交货量也大幅降低。由MP支撑的生产系统已经不能适应新的市场环境。经济系统必须通过自发组织来调整生产的组织方式和生产模式以适应新的系统环境,而这种自组织的结果就是LP的产生。

丰田汽车公司在对美国汽车制造业进行总结后认为,以数控机器人、可编程控制器、工厂局域网等先进制造设备和以系统为特征的美国汽车制造业虽然在制造效率上有所提升,但同时产生大量的生产物流成本。此后,丰田公司从美国零售商的物流管理中受到启发,形成了著名的"看板"系统,并提出了准时生产制(JIT)。经过"看板"和JIT对生产过程中物流环节的控制,使生产系统能够适应多品种、小批量订货的市场要求。美国和欧洲MP模式支撑的汽车制造企业在市场上受到重挫后,通过对日本企业的学习,最终也形成了具有不同特色的LP模式。此后,众多大型制造商纷纷引入了JIT,使MP整体推进,从而使生产系统完成了继MP之后的第二次制造业的革命。

LP生产模式是通过改进物流技术以消除无效作业形成的物流成本来实现对市场环境的适应。其物流管理有推进式(Push)和拉动式(Pull)两种模式。推进式物流管理模式是基于美国制造业大批量生产基础上的制造资源计划(MRPⅡ)而形成的。该模式通过信息化手段对需求进行预测,再围绕着预测结果调节生产、物料需求、能力需求、物料采购等生产计划。在生产过程中,库存、物料搬运等物流作业严格按照计划的时间和数量从上游工序推进到下游工序,并在整个生产过程中,管理者通过信息流对生产和物流进行控制。推进式物流管理模式的特点,在管理手段上大量应用计算机等对生产进行控制,生产的控制部门是管理部门(图8-7)。在生产物流上,严格执行以零部

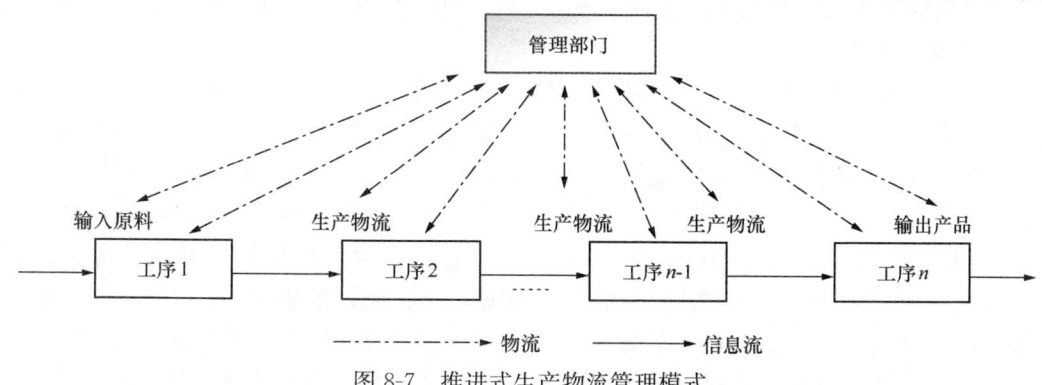

图 8-7 推进式生产物流管理模式

件为中心的供应和库存计划，原材料、在制品一定数量的库存是其必要保障。

拉动式生产物流管理模式是以日本制造业 JIT 为基础的物流管理模式，强调物流始终处于不停滞、不积压、不超越、按一定节奏的状态在生产过程中进行。该模式是从用户的现实需求而不是预测需求出发，每个生产工序依据实际需求所需要的部件或原料向前一道工序下达需求指令，前一道工序依据后一道工序的"看板"再向上游工序下达需求看板，以次类推到原料采购。拉动式模式强调物流过程与生产过程的同步管理，在生产环节中，物流必须将工序所需的原料数量在工序需要的时间点上送达，物流和信息流在相反的方向上保持一致，这就使整个生产和物流过程处于连续、协调的协同过程（图8-8）。

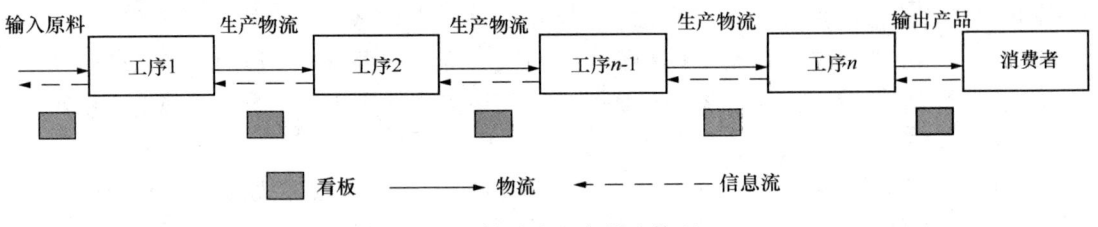

图 8-8 拉动式生产物流管理

拉动式生产物流管理的特点是：采用标准化作业，最大限度地降低物流成本；在管理手段上采用计算机和看板相结合的方式；前一道工序的在制品不经库存直接进入下道工序，从而减少在制品库存和缩短生产时间。由于从消费者到第一道工序都能进行生产指令下达，所以整个生产和物流系统都是围绕客户需求展开。拉动式物流管理认为库存的风险也来自于制品库存，因此应该将制品库存压缩到最小状态。

3. 生产物流管理与控制的方法

1) MRP 和 MRP Ⅱ

MRP（Material Requiring Planning）即物料需求计划，是由 IBM 公司率先提出的生产物流系统管理模式。传统订货法是根据历史生产和库存记录来推测未来生产需求，在日益复杂的市场环境下容易造成库存积压和库存短缺。MRP 是按产品结构来对物料需求组织生产。它根据产品结构的层次从属关系以零部件为计划对象，按各种零部件的生产周期反推出它们的生产与投入的时间和数量，并按完工日期为计划基准倒排计划，据此区别各个物料下达订单的优先级，从而保证生产需要时所有物料都能完工，减少由于其他必要构件未完工所造成的部分已完工部件的库存，最终使企业达到减少库存和减少占用资金的目的。

MRP 分为生产计划和计划执行控制两部分。对于生产计划，企业首先根据定货合同、市场预测等需求确定总的产品产出计划，再制定针对产品或独立需求型半成品的主生产计划（MPS），并将其作为展开 MRP 和能力需求计划（CRP）的框架依据。同时根据 MPS、产品结构、物料清单（BOM）、库存信息等将生产计划细化，编制从属需求型部件的物料需求计划 MRP，确定每一个加工部件和采购部件的建议计划。对于 MRP 的执行控制部分，可分为执行物料计划和执行能力计划两部分。执行物料计划主要采用调度单或派工单来控制加工的优先级别与采用请购单和采购单控制采购。

优先级别是执行能力计划用投入产出的工时量对能力和物流进行控制。执行物料计划和执行能力计划控制层必须将生产计划的执行信息随时反馈给计划层，从而使整个计划和控制过程形成一个闭路系统，将生产计划的稳定性、灵活性与对市场的适应性统一起来。

MRP Ⅱ 由美国著名管理学家奥列佛·怀特（oliver Wight）提出。MRP Ⅱ 的基本思路是把 MRP 和企业其他生产经营的相关资源和财务连接成一个整体系统，将能力需求计划、车间生产作业计划和采购计划也统一到 MRP Ⅱ 中，使企业的整个生产经营活动都与生产物流系统相联系。MRP Ⅱ 本质上成为一个面向企业内部信息集成及计算机化的信息系统，从而将经营、生产、销售、现金流动等计划与 MRP 系统有机结合，使每个企业内部活动的子系统在统一的信息系统内部运行。MRP Ⅱ 运用管理会计的概念用货币形式说明整个系统运行的收益，从而实现物流信息和财务信息的集成。

2）企业资源计划（ERP）

ERP 由美国加特纳公司于 20 世纪 90 年代提出。ERP 是在 MRP Ⅱ 的基础上将物流过程与资金流、信息流以及供应商的制造资源相整合，从而体现供应链适应消费者需求物流管理思想的网络结构控制模型。ERP 强调企业间通过协作实现快速响应市场需求变动的思路，使整个供应链适应柔性化的战略管理，从而降低风险成本和提高整体收益。

ERP 的主要特征如下：

（1）实现面向供应链的管理集成。它在 MRP Ⅱ 基础上将物料流通体系的运输管理、仓储管理、在线分析处理、产品质量管理、跨国经营管理纳入系统。ERP 还支持多种生产模式的企业及远程通信、电子商务和 EDI 系统。

（2）采用多种先进的网络通信技术和计算机辅助软件系统，支持不同平台的相互操作，加强用户自定义的灵活性。

（3）ERP 是企业业务流程重组（BPR）的扩充和延伸。BPR 是指通过信息技术将企业生产和经营流程重新整合，以实现业务量增加、信息敏捷通畅的目标。

3）准时生产、即时配送（JIT）

JIT（Just in Time）是日本丰田公司在新的市场环境中总结出的一整套适用于小批量多品种混合生产的生产物流控制系统。可表述为"只在需要的时候，按需要的量生产所需的产品"。它是追求一种使生产库存减小到最小限度的生产物流模式。

JIT 的产生基于：

产品生产总时间＝加工时间＋物料整理时间＋运送时间＋等待时间＋检验时间/增值时间＋非增值时间

对于该公式，传统企业的加工时间即增值时间一般不足 10%，而物料搬运、等待、整理等大量作业的物流时间达到 90% 以上。为改变由此产生的高物流成本，日本丰田公司提出了 JIT 物流管理模式，其目标包括废品量最低、库存量最低、准备时间最短、搬运量最少等。为达到 JIT 目标，企业必须做到：

（1）生产均衡化。即零部件在不同工序间实现均衡的流动。

（2）减少企业由于布局不合理所产生的运输和等待等时间。

（3）全面质量管理，消除不合格品的产生。

（4）产品设计合理化。产品的基本组件实现模块化，以使装配更为简单。

与传统的生产物流管理相比，JIT 具有以下特点：

（1）积极和动态管理。强调在批量、准备时间、废品率、物流成本等方面的持续性改进。

（2）以看板管理为手段的取料制。实现从现实需求开始对生产的拉动作用，使生产具有目的性，并消除生产过程中的松弛点。

（3）库存压缩到最低限度。当某一环节出现较低效率，将使整个生产过程受到影响，从而易于发现问题，利于企业对产品的全面质量管理。

（4）约束管理（TOC）。TOC（Theory of Constraint）即约束管理，又称最优生产技术（OPT），由以色列物理学家高德拉特（EliyahuM. Coldratt）于 20 世纪 70 年代提出，是一种旨在改善生产过程中"瓶颈约束资源"的管理模式。由于生产系统是一个投入产出系统，因此从系统论的原理来看，生产系统中必定存在着相互制约而影响生产过程的因素。如果想要使系统最大限度地发挥它的功能，必须找出整个系统中最为薄弱的，也是对系统结构发挥功能制约的部分，通过改善其对经济系统的约束来实现整体功能的改善，这正是 TOC 的出发点。

TOC 理论认为企业存在的约束因素体现在市场、资源、能力、流程、渠道、人力资本等诸多方面，而市场、资源和物流能力是目前制约企业的主要因素。缓解和消除这些约束因素的关键点在于：

（1）重新建立企业目标和作业指标体系。若将企业目标定为短期和长期的利润最大化，则生产绩效的衡量指标为：①有效产出，指由该企业生产且表现为企业账面利润的产品。②库存，指企业为生产有效产出而在所有外购物料上投资的货币。③运行费用，指企业在某个时期为将库存转换为有效产出而花费的费用。运行中很大一部分是物流费用。

（2）寻找系统运行的瓶颈。与"短边效应"相同，TOC 认为约束因素制约了有效产出。任何限制和阻碍有效产出增长的因素都是约束因素，企业必须通过找出瓶颈，缓解或打破瓶颈的制约来使系统不断改善。

（3）以物流系统为内容建立企业特征。TOC 理论依据物料流向将企业分为三类：第一类是 V 型企业，其生产物流特征是利用较少品种原材料生产多种产品的企业，如炼油企业；第二类是 A 型企业，其生产物流特征为利用多种原材料或零部件加工生产相对较少数目的产品，如飞机制造业；第三类是 T 型企业，其生产物流特征是利用较多种原材料加工生产较多品种的产品，如汽车制造企业。依据物料流向对企业进行分类，有助于企业准确识别约束因素，并对其进行计划和控制。

（4）通过"鼓—缓冲器—绳"（DBR）的系统控制方法来弱化约束因素对有效产出的限制。"鼓"是指主生产计划（MPS）应该以约束因素而不是非约束因素来安排生产，整个生产过程应该在 MPS 的"鼓点"控制下进行。"缓冲器"是指在 MPS 中，应该体现非约束因素对约束因素的配合，以达到充分利用资源。缓冲器的作用可通过时间缓冲和库存缓冲来实现。"绳"是指整个生产过程应该像每人牵着同一条绳子的队伍一样均衡、匀速地进行。绳子是具体控制生产按照鼓点进行的信息传递机制。在 DBR 系统中，绳子的功能由原材料或零部件投放的作业计划来实现。

8.2.2 物质流分析

1. 物质流分析的概念

物质流分析是在一个国家或地区范围内对特定的某种物质进行工业代谢研究的有效手段，它展示了某种元素在该地区的流动模式，可用来评估元素生命周期中各个过程对环境产生的影响。由于工业代谢是原料和能源在转变为最终产品和废物的过程中相互关联的一系列物质变化的总称，所以物质流分析的任务是弄清与这些物质变化有关的各股物流的情况及其相互关系，其目的是从中找到节省自然资源、改善环境的途径，以推动工业系统向可持续发展的方向转化。物质流分析研究因其强烈的政策导向和对政策的指导意义而受到国际上的关注。通过物质流分析，可控制有毒有害物质的投入和流向，分析物质流的使用总量和使用强度，为环境政策提供新的方法和视角，为决策者在资源和环境方面决策提供参考。

2. 物质流分析的发展历程

物质流分析方法作为研究经济活动中物质资源新陈代谢的一种方法，其基本思想的发端可以追溯到100多年以前，而其概念则出现于20世纪不同年代的各个研究领域。在经济学领域，Leontief 在20世纪30年代就推出了输入—输出平衡表。第一个基于经济学观点的国家物质流分析发表于1969年。第一个关于资源保护和环境管理的研究出现于20世纪70年代。而两个最初应用的领域是：①城市新陈代谢（Metabolism of Cities）；②流域或城市区域的污染物迁移路径分析（Analysis of Pollutant Pathways）。20世纪70~80年代，物质平衡（Physical Balance）、工业代谢（Industrial Metabolism）等理论的提出和完善，为物质流分析方法应用于整个经济系统的研究奠定了基础。20世纪70~80年代初，奥地利、日本和德国首先应用物质流分析方法对各自国家经济系统的自然资源和物质的流动状况进行了分析，从而揭开了经济系统物质流分析方法在世界范围广泛应用的序幕。

20世纪90年代初，德国 Wuppertal 研究所提出了物质流账户体系（Material Flow Accounts，MFA），它是定量测度经济系统运行中物质使用量的基本工具，并提出了生态包袱（Ecological Rucksacks，ER）的概念，后来也称其为隐藏流（Hidden Flow，HF）。1996年，欧盟委员会组建了"ConAccount"平台（www.conaccount.net），该平台的成立被认为是物质流分析国际合作的里程碑。从1997年开始，世界资源研究所着手对5个国家（美国、日本、奥地利、德国、荷兰）经济系统的物质流动状况进行全面的分析。该研究所的第一份研究报告得到了这5个国家经济系统的物质输入总量，并给出了衡量物质输入状况的相关指标。在第二份研究报告中，该研究所得到了各个国家经济系统的物质输出总量，并且给出了衡量物质输出状况的相关指标。与此同时，运用物质流分析方法对本国经济系统进行分析的国家不断增加，比如意大利、丹麦、芬兰、瑞典、英国、捷克、中国等。2001年，欧盟统计局出版了第一部经济系统物质流分析研究方法手册，该手册的出版对经济系统物质流分析的深入研究起到了很大的作用。2004年，Paul H. Brunner 和 Helmut Rechberger 合作编写了 *Practical Handbook of Material Flow Analysis* 一书，系统介绍了物质流分析的概念、历程、应用范围及目标，详细地陈述了其数据库管理、软件应用的具体操作方法，并列举了许多关于环境管理、资源保护、废弃物管理及区域物质流分析与管理的经典案例。

随着物质总量流动的分析研究的深入进行，单个物质或单质的流动分析已在全球、国家及区域层面得以深入的研究，如美国 Yale 大学森林与环境学院对银、铜、锌等重金属在不同尺度上的流动特征做了大量细致的研究。日本在循环性社会方面做了大量的研究工作。

3. 物质流分析的模型

人类社会生产、生活所采用的资源和材料都不可避免地在社会经济活动与资源环境之间进行物质交换（图 8-9）。简言之，物质流分析主要衡量社会经济活动的物质投入、输出和物质利用率，其基础是对物质的投入和流出进行量化分析，建立物质投入和流出的账户，以便进行以物质流为基础的优化管理。

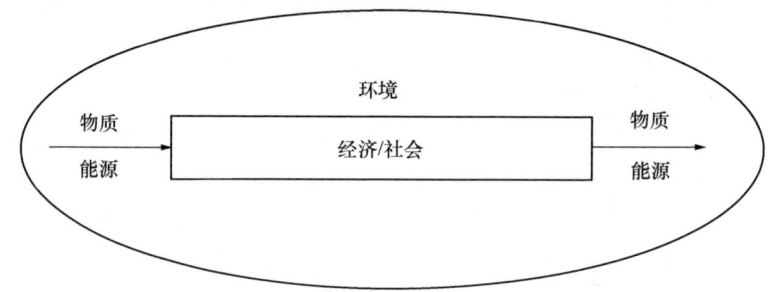

图 8-9　经济社会活动与资源环境之间的关系

1) 物质流分析研究的主要阶段

（1）定义要研究的体系及体系成分。

（2）确定并量化此物质的存货与流通量。

（3）依据研究目的阐述量化的结果，比如根据潜在可能或所研究流程的环境影响而降低某一流程的量。

2) 物质流分析方法

物质流分析方法分为两种：一种称为 Substance Flow Analysis（SFA），主要研究某特定物质流，如铁、铜、锌、锰等对国民经济有着重要意义的物质流，以及砷、铅、汞、镉等对环境有较大危害的有毒有害物质流和钢铁、化工、林业等产业部门物质流；另一种称为 bulk-MFA，主要研究区域经济系统的物质流入与流出，前者主要应用于 20 世纪 90 年代，随着可持续发展意识的不断增强及经济全球化步伐的加快，基于区域经济系统的 bulk-MFA 方法在 20 世纪 90 年代中期开始逐渐成为研究和应用的主流。

3) 物质流分析方法特点

与传统研究方法相比，物质流分析方法有如下特点：

（1）以热力学第一定律即物质守恒原理为原则进行物料平衡，计算公式可表示为"输入＝输出＋累积－释放"。

（2）以研究对象的物理性状指标作为定量分析单位（主要是质量），这类似于在现金资本流分析中以货币为测度单位。

（3）以物质流过程为分析结构框架，构建人类经济活动与自然生态系统间的物质关联，追踪物质在系统内部与系统之间迁移和转化途径，识别和评价物质流向、规模和强度等多个层次的合理性及其影响,进而提出新的解决方案。

4) 物质流分析内容

(1) 物质总量分析模型。分析一定的经济规模所需要的总物质投入、总物质消耗和总循环量。

(2) 物质使用强度模型。分析一定生产或消费规模下,物质的使用强度、消耗强度和循环强度,其可以单位 GDP 来衡量或人均值来衡量。

物质流分析研究的原料从进入社会经济活动开始,经由社会经济活动与环境之间的物质转化,一小部分积存在社会中以备后用,大部分原料在消费中使用消耗。最后在使用寿命终期流入废物处理阶段,通过分离将可回收的物料循环返回至社会经济活动,其余则被废弃。

实际上,物质流分析也有不同层次,既有某种元素层次的物质流分析,也有行业层次的物质流分析,最高层次就是整个经济活动的物质流分析。

4. 物质流分析与循环经济的关系

物质流分析的核心是对社会经济活动中物质流动进行定量分析,了解和掌握整个社会经济体系中物质的流向、流量。建立在物质流分析基础上的物质流管理是通过对物质流动方向和流量的调控,提高资源的利用效率,达到设定的相关目标。循环经济强调从源头上减少资源消耗,有效利用资源,减少污染物排放。循环经济谋求以最小环境资源成本获取最大的社会、经济和环境效益,并以此解决长期以来环境保护与经济发展间的尖锐矛盾。可见,物质流分析是循环经济的重要技术支撑,物质流分析和管理是循环经济的核心调控手段。

物质流分析和管理与循环经济的相互关系及其调控作用如下:

(1) 减少物质投入总量

在社会经济活动中,物质投入量的多少直接决定资源的开采量和对生态环境的影响程度。特别是对于不可再生资源,物质投入量的减少就直接意味着资源使用年限的增加,其对整个社会经济和环境的意义极为显著。因此,循环经济强调要在减少物质总投入的前提下实现社会经济目标。通过减少物质总投入,实现经济增长与物质消耗和环境退化的"分离"。

(2) 提高资源利用效率

资源利用效率反映了物质、产品间的转化水平,其中生产技术和工艺是提高资源利用效率的核心。通过物质流分析,可分析和掌握物质投入和产品产出间的关系,并通过技术、工艺改造和更新,提高物质、产品间的转化效率,提高资源利用效率,达到以尽可能少的物质投入获得预期经济目标的目的。

(3) 增加物质循环量

通过提高废弃物的再利用和再资源化,可增加物质的循环使用量,延长资源的使用寿命,减少初始资源投入,从而最终减少物质的投入总量。工业代谢、工业生态链、静脉产业等都是提高资源循环利用的重要内容和实现形式。资料表明,2020 年日本总的物质循环利用率为 18% 左右,所循环利用的大都是资源短缺或价值较高的废旧物质,如废钢、废铝、废塑料等。但是,大量的物质在目前的经济、技术水平上还没有很好地被循环利用或根本无法循环利用。

（4）减少最终废弃物排放量

实质上，在社会经济活动中通过提高资源利用效率增加物质循环量，不仅可减少物质投入的总量，也可实现减少最终废弃物排放的目的。因此，在发展循环经济过程中，生产工艺和技术的进步，生态工业链的发育和静脉产业的发展壮大，可通过提高资源利用效率、增加物质循环量和减少物质总投入，达到减少最终废弃物排放量的目的。物质流分析与管理作为循环经济的重要调控手段，对我国环境保护政策的意义主要体现在资源利用效率及物质循环率与静脉产业的发展两个方面。

5. 物质流分析的理论基础与框架

物质流分析（Material Flow Analysis，MFA）作为一种核算方法，追踪物质从自然界开采进入人类经济体系中，并经过经济活动在不同时段和区域中流动，最后回到自然环境中的情形，可以监测和追踪那些货币价值很低但对自然环境影响较大的物质的流动。

1）理论基础

经济系统的物质流分析来源于对社会经济系统中物质和能量的输入和输出进行分析。理论基础涉及质量守恒定律、生命周期评价和投入产出分析。

质量守恒定律是指任何物质流无论其形态如何变化，其总质量是守恒的。

$$物质输入量 = 物质输出量 + 物质储存量$$

生命周期评价（LCA）是评价产品从摇篮到坟墓的整个生命周期过程中对环境产生的影响的系统方法，在第 6 章已进行了较为详细的叙述。

投入产出分析（IOA）是一种经济核算方法，研究经济体系中各个部分之间投入与产出的相互依存关系的数量分析方法。其基本平衡关系式为：

$$中间产品 + 最终产品 = 总产品（实物）$$

投入产出分析方法由法国经济学家首先提出。20 世纪 70 年代初，西方国家的一些经济学家将经济范畴的投入产出表扩展到环境-经济系统中，构成了环境-经济投入产出表。投入产出分析法有助于寻求经济系统中所有直接流和间接流，并能确定一套相应指标。

物质流分析的范围如图 8-10 所示，其被包含在自然环境系统中，与周围的自然环境系统由物质流与能量流相连接。为描述这两个系统的关系，人们提出了工业代谢和社会代谢的概念。社会经济系统被看作自然环境系统中一个具有代谢功能的有机体，该有机体对自然环境的影响可用其他代谢能力（如该有机体从自然环境中摄取的以及排泄到自然环境中的物质量）来衡量。

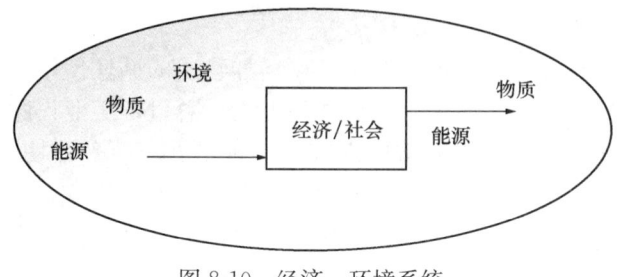

图 8-10　经济、环境系统

根据质量守恒定律，一定时期内输入一个系统的物质量等于同时期该系统存储量与输出该系统的物质量之和。对于上述社会经济系统来说，自然环境所提供的输入物质进入该系统经过加工、贸易、使用、回收、废弃等过程，一部分成为系统内的净存储，其余部分输出物质返回到自然环境中去，而整个过程中的输入量恒等于输出量与存储量之和。

经济-环境系统涉及的基本概念主要有：

(1) 代谢主体构建物质流分析账户

明确代谢主体非常重要，否则就不能准确区分输入与净存储。所谓代谢主体是指社会经济圈内"吞""吐"物质的可独立观测的基本单位，也就是输入物质的消费者，如人、动物和机器等。需要特别指出的是，农作物（包括粮食和经济作物）一般不作为代谢主体，否则物质输入的边界将延伸到矿物层，如多少氮、钾的输入，使所需数据无从统计。同理，森林也同样作为输入物质；而不作为代谢主体，渔业有人工养殖和捕获之分，在物质流分析账户体系中，只有人工养殖为代谢主体，野生捕获鱼作为输入物质。代谢主体在物质流分析中均以存量出现。

(2) 隐流和间接流隐流

隐流和间接流隐流是指经济活动所动用的而未被使用的物质量。这些被动用的物质量没有进入代谢过程，却是必需的"输入"。如为了开采铁矿石，必须掘进坑道或剥离表土和覆岩，这些物质并没有进入代谢过程，被代谢主体所消费，所以称其为隐流；德国也称其为生态包袱。欧盟的物质流分析账户中，把国内物质开采所需的隐流称为国内无效伴生物质；把进口和出口物质对应的称为间接流，它包括使用的和非使用的间接流；而在进口来源国为开采铁矿石而发生的剥离量被称为非使用的间接流。

系统边界由于物质流分析所关心的焦点在于社会经济系统在自然环境系统中的物质代谢，因此进行物质流分析研究时需要对系统边界作如下两个方面的定义：①本国社会经济系统与自然环境系统之间的边界，是指直接从自然环境中开采的原料通过此边界进入社会经济系统进行进一步的加工转换；②本国与其他国家的行政边界是指成品、半成品以及原料经由该边界由本国出口到其他国家或由其他国家进口到本国。

在物质流分析研究中，只考虑通过系统边界输入经济系统或输出经济系统的物质流，经济系统内的物质流并不在研究之列。在这一原则基础上，家庭的牲畜被视为经济系统内部的物质流而不予统计，农业生产中使用的化肥被视为经济系统输出到自然环境的物质流。

2) 分析框架

图8-11为物质流分析方法的基本框架。输入经济系统的物质中最主要的一部分是由本国自然环境中开采出的各种原料，包括化石燃料、矿物质、生物三部分。伴随上述国内开采原料而产生的国内无效伴生物不进入经济系统，没有经济价值，一经产生就输出到自然环境中去。此外，输入经济系统的物质流还包括从其他国家和地区进口的成品、半成品和原料及与生产这些物质有关的间接流。输入经济系统的物质流，一方面成为该系统内部的物质净存储，如基础设施和耐用产品等；另一方面经过单位统计时段（以年为单位）的消费，成为通过系统边界返回到自然环境中的废弃物和排放物；此外还有一部分物质通过系统边界出口到其他国家和地区。在输出到自然环境系统中的废弃

物中,有一部分被称作消耗流,即在生产使用过程中不可避免产生的废弃物,包括化肥、农药等在农业生产中的使用,以及其他产品在使用过程中的磨损。

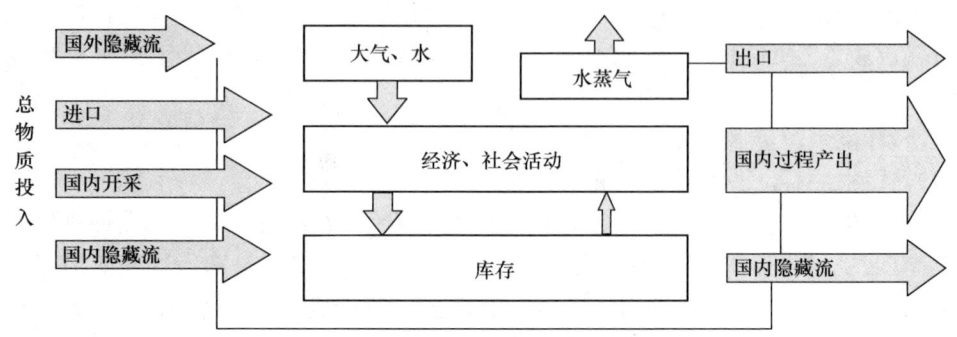

图 8-11 物质流分析方法的基本框架

将物质流分析进行细化更能显示环境和经济系统之间的相互影响,通常分为两个子系统:①社会子系统,也称为经济子系统或技术圈,包括可人为控制的物质储存和流动。②环境子系统,也称为生物圈,包括环境系统中的物质储存和流动。另外也可将这两个子系统进一步划分,例如环境子系统可以分为生物圈、大气圈和水圈。图 8-12 给出了在研究重金属镉的案例中需要考虑的经济活动中镉在环境子系统和经济子系统中的流动框图。

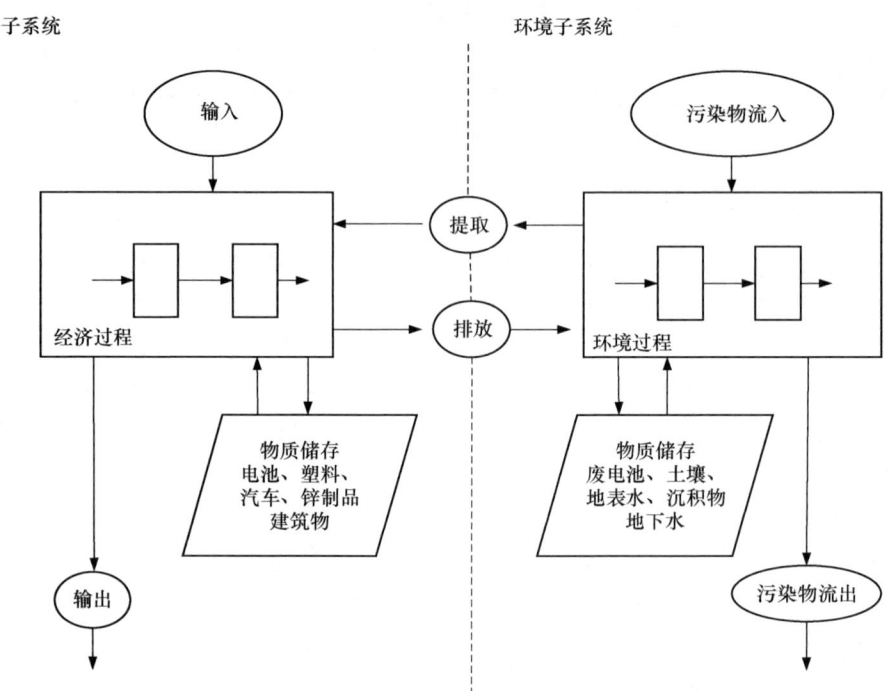

图 8-12 镉在环境子系统和经济子系统中的流动框图

6. 物质流分析在循环经济实践中的应用

物质流分析与循环经济有着密切的关系。通过物质流分析可找到节省资源、改善环境、发展循环经济的途径，为决策者的决策提供指导。

下面结合我国循环经济发展的实践，介绍物质流分析在区域、行业、企业和产品三个层次中的应用。

1) 区域层次

这里的区域层次既可达到国家层次，也可指省（或城市）层次。区域层次的物质流分析方法又称总体物质流分析（bulk-MFA），主要研究区域经济系统的物质流入与流出。该分析方法在20世纪90年代中期开始逐渐成为研究和应用的主流，发达国家已建立国家层次的物质流分析账户，通过物质流分析得出的结果为政府部门提供决策支持。

监测资源与生态环境状况并分析其与经济发展的关系，需要一套实用的定量指标。应借鉴国外已完成的物质流核算经验，建立适合我国国情的物质流分析账户。通过对我国资源利用情况进行物质流分析，建立循环经济指标体系，确立具体而明确的循环经济发展目标，提供直接而有力的施政依据。

2) 行业层次

行业层次的物质流分析可采用上节介绍的方法，也可采用（Substance Flow Analysis，SFA）法。该法主要研究某特定的物质流，如铁、铜、锌等为国民经济有重要意义的物质流，砷、汞等是对环境危害较大的有毒有害物质流。

国内外学者对元素流分析做了大量的研究，已形成一套成熟的方法。以下介绍两种物质流分析方法：

(1) 物质流定点观察法。为研究某种产品生命周期中的物质流状况，选定物质流中的一个区间，观察点选在某一年度产品生命周期的始端，观察区间内物质流的变化，记录生命周期各阶段流入和流出的有关物质量，得到上一生命周期回收阶段和本生命周期的生产、制造阶段以及部分使用阶段的物质流。

(2) 物质流跟踪观察法。为研究某种产品生命周期中的物质流状况，选定一定量的该种产品为观察对象，沿着这些产品生命周期的轨迹跟踪观察，记录生命周期中各阶段流入和流出的有关物质量，得到产品生产、制造、使用和产品报废后回收4个阶段的物质流。必要时，连续观察一个以上的生命周期。

3) 企业和产品层次

企业层次物质流分析方法为清洁生产的物料平衡，可弄清原料和能量的实际利用及废弃物排放量。物料平衡的目的不仅仅是物料平衡，更是为了发现问题。通过物料平衡，可了解原材料除了做成产品之外，另外的部分消耗到了哪里，有哪些排放方式，排放量是多少。通过绘制物料平衡图，很容易确定各排放点的排放方式及其排放量，还可确定污染最严重的排放点，以便对各排放点采取相应的排污措施。

物料衡算的数据常用直接测定法、统计法（经验值）和化学计算法获得。现场实测必须进行完整的3个以上的生产周期（或持续生产72h）才能获得比较准确的数据。衡算允许有很小的误差，超差应加以复核和完善。当输入总量和输出总量之间的误差在5%以内，则可以用物料平衡的结果进行随后的有关评估与分析；反之必须检查造成较大误差的原因，重新进行实测和物料平衡。

8.2.3 能量流分析

1. 能量流概念

能量流（Energy Flow）源于生态学，是指能量在区域生态系统的食物链、食物网内转变、转移与消耗的过程。钢铁企业中，各种能源介质沿着转换、使用、排放的路径流动，形成了能量流。能源经过一系列加工、转换、改质环节到能源产品或排放物，组成能源转换过程。各种能源产品经过分配进入各个用户使用直到废弃物排放组成了能源使用过程。

能量在生态系统内的传递和转化规律服从热力学第一定律（能量守恒定律）和热力学第二定律。

2. 能流分析的相关应用

能流分析的研究和应用主要集中宏观、大系统及企业和产业三个层面。

1）宏观层面——区域经济能流分析

我国已经进入城市化进程的快速发展阶段。据 2023 年 1 月国家统计局公布的数据，我国的城镇化率在 2022 年末已达到 65.22%。城市化通过促进聚集效应、专业分工、知识创造等方式推动了经济迅速发展，但是城市的脆弱性也不断显现并加剧，环境问题不断升级，由传统的水供应、垃圾处理等问题逐渐升级到工业化带来的工业污染及威胁全球生态安全的全球环境问题。因此，构建城镇代谢分析方法，揭示城市物质与能量流动特征，对于解决城镇资源环境困境具有一定的指导意义。

城镇能流分析框架参考国内外能流分析研究以及具体应用案例，基于城镇物质、能量输入输出特征，提出城镇能流分析框架（图 8-13）。

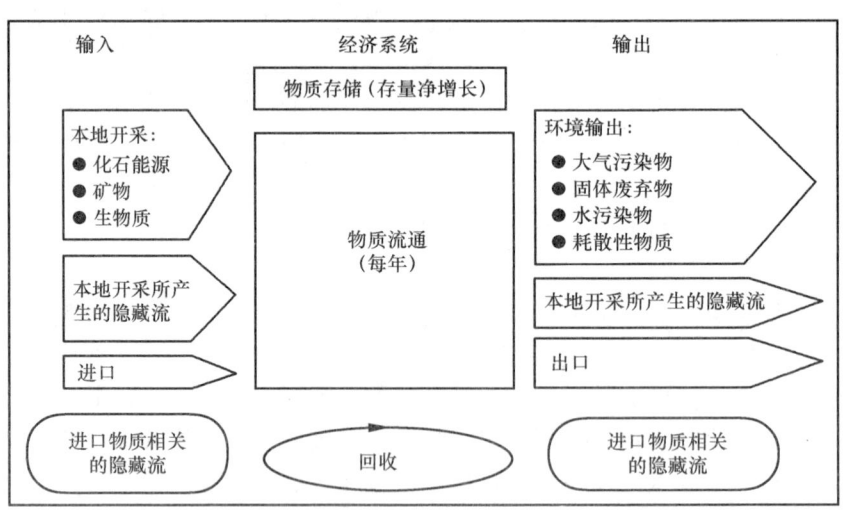

图 8-13 欧盟统计局经济系统基于物质平衡的能量流动框架

城镇物质流与能流分析框架分为输入、输出和城镇经济系统通量三部分。在输入端，物质与能源输入分为本地获取和进口两大类。本地获取指城镇系统输入资源来源于本地开采的数量，进口指城镇系统输入资源来源于本地之外的其他地区的数量，反映了城镇系统对系统外部资源的消耗程度。在输出端，包括环境输出、热耗散、出口，为反映城镇水资源消耗特征及水资源独立统计的特性,将城镇水的输入及污水的输出单独考虑。在经济系统内,物质与能源在各产业部门及消费体间流动,并表现出一定循环往复特征,其中一部分资源消耗之后,会以污染的形式输出城镇系统,另有部分资源会继续以固定基础设施或者具有持续使用功能的形式留存到系统中(图 8-14)。

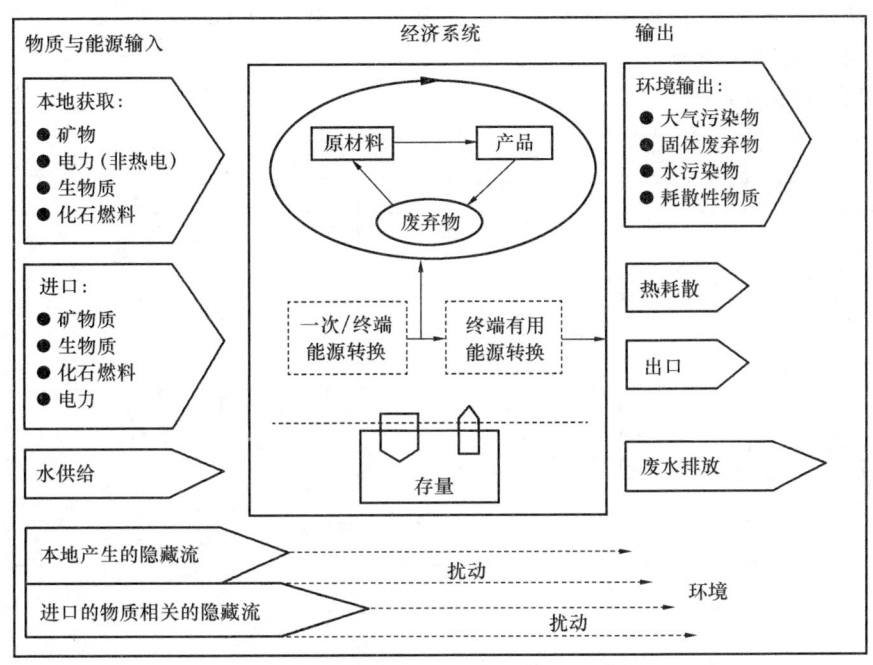

图 8-14 城镇物质流与能流分析框架

城镇能流分析方法能够有效揭示城镇物质、能量代谢特征,并通过指标的形式加以展示,能够从宏观尺度揭示城镇代谢对资源输入及环境输出的压力,并进一步揭示压力的来源和程度。

2) 大系统层面——农业和生态系统能流分析

生态系统中能量以食物的形式在生物间传递时,相当一部分能量转化为热而消散掉,使食物链的环节和营养级数一般不会多于 6 个,能量金字塔必定呈尖塔形。其能量传递层次可从食物链、种群和生态系统层次进行分析。

(1) 食物链层次上的能流分析

在食物链层次上进行能流分析,把每个物种作为能量从生产者到顶位消费者移动过程中的一个环节,测定食物链上各环节的能量值,可提供生态系统内一系列特定点上能流的详细和准确资料。分析结果表明:能量沿食物链流动过程中,未被利用的能量和呼吸消耗的能量损失极大。

(2) 试验种群层次上的能流分析

为研究能流过程中影响能量损失和储存的各种重要因素,必须在实验室内控制各无关变量,进行试验种群的能流研究。L. B. Slobodkin 用一种单细胞藻喂养水蚤,以不同速率加入单细胞藻控制食物供应,以不同速率移走水蚤并改变移走水蚤的年龄,测定不同年龄对净生产量的影响。收获量/取食量(Y/I)不仅随取食速率的增加而增加,而且与移走水蚤的年龄有关，此值在移走成年水蚤时较高；净、初级生产率 NP/GP 与水蚤个体大小和食物充足程度有关，最佳配合时，NP/GP 达最大值 19%。

（3）生态系统层次上的能流分析

该层次上能流分析，把每个物种归属于一个特定的营养级中，精确地测定每一营养级能量的输入和输出，其多用于水生生态系统。银泉和 Cedar Bog 湖的能流分析被认为是现代生态学的经典研究。

① 银泉的能流分析

Odum 对美国佛罗里达州的银泉进行能流分析（图 8-15）。

营养级	GP 和 NP	R	NP/GP
Ⅰ	$GP=208.1$ $NP=88.3$	119.8	0.426
Ⅱ	$GP=33.7$ $NP=14.8$	18.9	0.440
Ⅲ	$GP=3.8$ $NP=0.67$	3.16	0.176
Ⅳ	$GP=0.21$ $NP=0.06$	0.13	0.286
分解者	$GP=50.6$ $NP=4.8$	46.0	0.091

图 8-15 银泉的能流分析

注：R 为呼吸单位，$J/(m^2 \cdot a)$。

能量从一个营养级流向另一个营养级时，数量急剧减少，以致第四个营养级能量很少，不足以再维持下一营养级的存在。

研究特点：依据植物吸收的太阳能计算初级生产量，计算来自各条支流和陆地的有机物补给作为能量输入，把分解者的呼吸代谢所消耗的能量包括在能流模式中。

② Cedar Bog 湖的能流分析

Lindeman 对 Cedar Bog 湖的能流分析结果如图 8-16 所示。

a. 初级生产中，能量固定效率约为 0.1%；

b. 未被利用的净初级生产量很高，最终沉到湖底形成植物有机物沉积；

c. 草食动物的呼吸消耗比植物高，肉食动物对次级生产量的利用率高于草食动物对初级生产量的利用，依然很低；

d. 肉食动物的呼吸消耗很高，比植物和草食动物高得多。

在农业生态系统中，各种物质和能量的交换和转化过程称为生态过程，物质和能量转化的通量、速率和传递效率称为生态效率。为使农业生态系统内的生态过程更好地满足人类的需要，人们通过各种措施调节能量的流向、流量及转化效率，形成人工生态过程。如何使构成农业生态系统实体的无机环境、初级生产和次级生产之间的能量在性质和数量方面匹配、流通畅通和速率协调，成为农村区域经济发展中农林牧结构优化和调

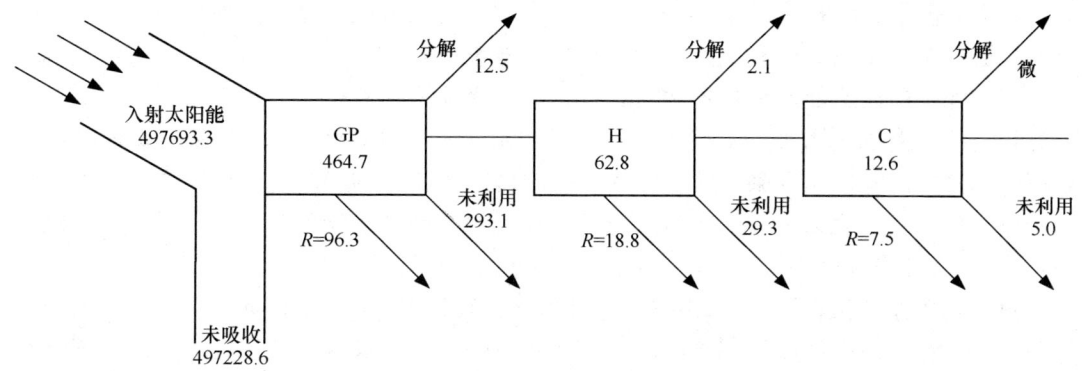

图 8-16 Cedar Bog 湖能量流动的定量分析

GP：总初级生产量；H：草食动物；C：肉食动物；R：呼吸单位，J/(cm²·a)

整的根本问题，解决该问题首先要对农业生态系统的能量流动特征进行全面的调查和分析。

农田生态系统通过农作物光合作用转化太阳辐射能，形成初级生产力，它是整个农业生态系统太阳辐射能和人工辅助能。农田产出能主要是经济产出和作物秸秆及根茬等非经济产出生产力的基础。对农田生态系统的能量投入包括农业生态系统的能量输入（含太阳辐射能）和人工辅助能两大类。人工辅助能包括种子、根茬、人力、畜力、有机肥在内的有机能和机械、电力、化肥、农药、塑料薄膜、燃油等无机能源。若人工辅助能输入中绝大部分是无机能源，则该系统的自给能力很差；若有机能输入占总输入的比例较高，则说明该系统的自给能力较强。因此，有机能源在农业生态系统内部不同亚系统之间的通量和利用状况，在一定程度上反映了系统的自我维持能力。

3）企业和产业层面——部分企业能流分析案例

企业能流是指能量以有效能和能量损失的形式流出企业系统的过程，包括物质在企业购入后的储存、加工转换、输送分配和最终利用过程。能流分析是分析用能单元的能量输入、使用和损失，其原理是能量平衡，其中使用和损失的能量之和为输入能量。通过绘制企业能流图，描述能耗情况，找出能源利用过程中的薄弱环节，并提出改进的措施。

企业能流图是通过能流的表达方式对能量系统进行绘制的图表。根据企业的实际情况，由左到右依次绘制能源购入贮存、加工转换、分配输送、加工转换等，通过方块和各种带箭头的流股绘制网络，其中每个流股是某种载能体在某个过程传递能量的流向，如图 8-17 所示。按照来源、去向和作用的不同，能量流通常划分为 5 种：①输入能量流，包括化学能、热能和动能等，指的是前道工序的原料带入后道工序的能量；②输出能量流，通常为产品带走的热能和化学能；③加入能量流，为外部供给工序的燃料、电

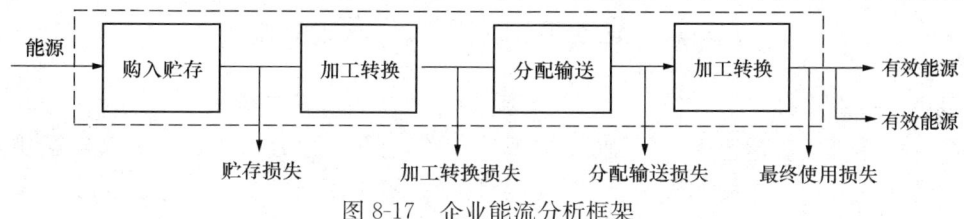

图 8-17 企业能流分析框架

力、蒸汽等能量；④损失能量流，指的是工序散失的以及输送过程中损失的能量；⑤回收能量流，指的是回收并利用的燃料、热能等能量。

在企业物质流、能流分析框架下，按企业的实际情况进行具体企业的能流分析，便于寻找企业在能源利用过程中存在的薄弱环节，有针对性地提出提高能源利用效率的改进措施。赵瑞彤等以山西某焦化企业为例，对现有产业结构和产业链情况做研究，发现该企业主要以煤焦化为主导，初步形成了煤焦化的循环经济雏形，构建了以"煤—焦—化"为主链、"中煤、煤泥—生产蒸汽"为辅链的循环经济产业链。

由焦化企业能流程序图 8-18 可知，能源总有效利用率为 58.26%，万元工业产值能耗为 10.14tce。其中洗煤和化学产品单元的有效能利用率较低，洗煤过程中产生的煤矸石主要用于道路回填，未得到充分利用，焦炉煤气制甲醇的过程中产生大量的甲醇驰放气也未得到有效利用，从而造成了很大的能源流失。为提高能源的利用效率和达到节能减排的目的，需要寻求煤矸石和甲醇驰放气资源综合利用的途径。煤矸石综合利用的途径包括建材和化工，可用于制砖或做高值化的化工产品，甲醇驰放气的主要成分是 H_2、CO、CO_2、CH_4，可利用其中的有用成分做进一步的加工（可利用其中的氢气生产合成氨）。

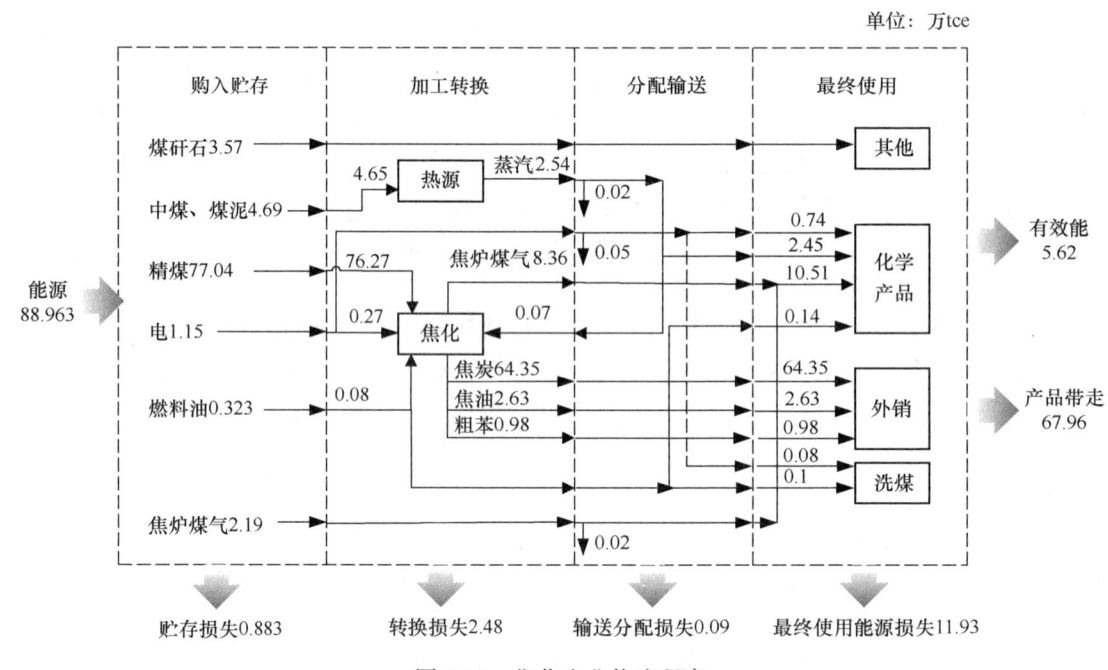

图 8-18　焦化企业能流程序

8.3　企业的绿色化与智能化

绿色产业有多种定义。国际绿色产业联合会发表了如下声明：在生产过程中基于环保考虑，借助科技以绿色生产机制力求在资源使用上节约以及污染减少（节能减排）的产业称为绿色产业。据此拓展为：绿色产业是指积极采用清洁生产技术，采用无害或低害的新工艺、新技术，大力降低原材料和能源消耗，实现少投入、高产出、低污染，尽可能把对环境污染物的排放消除在生产过程之中的产业。与绿色产业相关的企业生产全过程中涉及原材料、能源、生产过程技术与装备、企业管理以及生产产品各个环节的绿色化规划与发展，共同组成了企业绿色化发展体系。

加快发展现代产业体系是国民经济发展的重要任务。其目的是推进产业基础高级化、产业链现代化，提高经济质量效益和核心竞争力，推动经济体系优化升级。它是生态文明建设的重要内涵，也是建设美丽中国的必然要求。

加快发展现代产业体系的重点任务涉及传统产业的绿色化、绿色环保等战略性新兴产业、现代服务业、智能绿色现代化基础设施体系等，落实这些任务将直接促进经济社会发展全面绿色转型。经济社会发展全面绿色转型也要求产业体系的全面绿色转型。因此，产业体系的现代化必须是人与自然和谐共生的现代化，即建立一个绿色现代化的产业体系。

绿色现代化是人类摆脱能源危机和生态危机的必然选择，发展生物质产业是实现绿色现代化的有效途径。绿色现代化的关键是尽快实现经济增长与能源资源消耗、污染排放的脱钩，聚焦产业体系的绿色化和智能化发展模式。

绿色产业的时代背景：
(1) 资源匮乏，牺牲资源环境发展经济难以为继，产业"绿化"势在必行。
(2) 采用包括法律、税收、财政等方面的产业政策大力扶植绿色产业。
(3) 消费者环保意识大增，用"绿色观点"选择商品并向生产者施加影响。
(4) 企业界不得不进行绿色生产。
(5) 价值观的改变，社会各界的支持。

8.3.1 绿色化体系

1. 工业园区企业绿色化发展面临的问题与挑战

(1) 绿色制造成本高，企业主动性不强。一些企业没有将绿色制造纳入企业发展战略，创新生产工艺、开发新绿色产品、使用先进的绿色设施，都需要增加投资，加大成本，收益期较长，企业主动实现绿色改善和推广的意愿较弱。

(2) 产业结构调整任务重，动力不足。一些工业园区仍以传统产业为主，战略性新兴产业仍处于培育期，新的经济增长点的形成还需要时间。创新投入不足，对科技型企业和高端技术人才没有吸引力。

(3) 政策支持力度不够，绿色消费理念尚未成为主流。绿色产业的发展和绿色制造技术的推广应用，很大程度上需要政府的大力推动，社会资本投资绿色产业的主观意愿不强。绿色消费由于成本高、价格高、受众范围窄，在市场上的竞争优势并未凸显。

2. 工业园区企业绿色化发展的解决途径

在进行工业园区及企业绿色化发展的探索过程中，需要从绿色发展理念、现代化管理方式、推进绿色新科技与新技术应用等方面具体着手。

1) 坚持企业绿色发展理念

企业要不断创新发展观念，摒弃落后的发展模式，坚持绿色发展原则才是发展之路。在经济高质量发展的今天，企业的生产越来越追求高质量。因此，企业发展在这个过程中，应该不断减少污染物的排放和生产能耗，减少生产对环境的影响，使经济发展与生态环境相互协调，和谐相处，实现经济与环境的双丰收。

将绿色发展理念落实到园区企业发展中，引导企业走绿色环保的可持续发展道路，减少企业发展带来的环境污染，在实现县域工业园区绿色发展的背景下，实现工业园区化对县域工业园区进行绿色改造，促进县域工业园区的可持续发展。

2）灵活运用现代化管理方式，创新工作机制

制定符合环境保护的科学的工业园区发展规划，设定科学的建设目标，应用资源回收技术和环保技术，建设科学、绿色的生态工业园。

（1）结合区域特点和自然条件，科学定位资源型产业结构，建设有地方特色的县域工业区，促进工业园区的个性化发展。

（2）建立环境质量检查制度，及时发现园区生产中存在的环境污染问题。对污染严重的企业，要实行专项监管，实现企业与生态环境的和谐共处。

（3）利用新科技、新技术，完成工业园区基础设施绿色转型升级。

3. 工业园区企业实现产业生态化展望

（1）在绿色可持续发展方面，东部地区经济发达，重视环境，有足够的资金优化生态工业园区；与东部地区相比，中西部地区经济欠发达，生态工业园区的绿色化和可持续发展程度滞后。

（2）一些工艺合理、规模完善、发展成熟的工业园区基本达到国家级水平。这些成熟工业园区的成长离不开国家的支持。然而，更多的工业园区规模较小，没有技术、经济等综合实力的支撑，难以实现绿色可持续发展。

（3）在实践中发现，工业园区的绿色可持续发展转型仍然不适应工业园区现有的一些法律法规、管理体系和战略，特别是在废弃物园区内部和园区之间的共生资源利用方面，在现有管理体制下仍面临挑战。

工业园区是构建绿色制造体系、实施制造强国战略最重要、最广泛的载体。未来中国工业园区的绿色发展仍将以现有园区的绿色转型升级为重点。为了实现这一目标，政府、园区和企业需要共同努力，全面推进园区绿色发展。建议加强园区绿色发展顶层设计，制定工业园区绿色发展行动计划，补充制约园区绿色发展的管理薄弱环节；加强园区分类指导，优化资源要素配置和产业布局；以地方创新要素为重点，分类打造特色产业和特色园区；加强区域内园区群的合作，建立块状产业链，依托园区巩固全国各产业类别的竞争力，使园区成为绿色制造体系和强基础工程最重要的载体。

8.3.2 智能化管理体系

1. 产业及企业智能化发展的意义

随着互联网、云计算、大数据、人工智能等信息化技术在企业生产、管理过程中各类应用场景的不断创新与实践，构建企业及产业生态系统的智能化管理体系成为当代企业发展和产业园区生态化建设的必然趋势与发展方向。

2019年3月通过的《关于促进人工智能和实体经济深度融合的指导意见》提出"要把握新一代人工智能发展的特点，坚持以市场需求为导向，以产业应用为目标，激发企业创新活力和内生动力"。2020年的《政府工作报告》提出"发展工业互联网，推

进智能制造，全面推进'互联网＋'"。人工智能产业化发展迅速，企业数量、融资规模仅次于美国，居全球第二，成为人工智能产业化大国。自动驾驶、专用智能芯片、行业智能软件等方面的技术创新不断取得新进展，人工智能技术的规模化应用加快了其与实体经济融合的速度，带动了金融、交通、医疗、物流、农业、制造等一大批传统行业快速转型，有力支撑着国民经济的高质量发展与新旧动能转换。

我国很多企业的自动化和信息化水平低，向智能化转型的基础薄弱，数字化智能化改造所需的资金、技术和管理经验缺乏，人工智能技术与工业领域深度融合仍存在诸多难点问题。随着人工智能产业化应用从娱乐、消费等领域向实体经济各行业渗透，技术落地难度和面临的挑战将大大增加。

当前，我国经济正处在高质量发展阶段，传统发展过程中的各类红利正在减弱，经济增长潜力亟待拓展，这对人工智能技术的发展是一个重要的战略机遇，厘清它对产业升级的作用机理、影响因素，有针对性地提出下一步的对策建议，对进一步贯彻落实《新一代人工智能发展规划》和支撑经济社会高质量发展至关重要。

2. 产业及企业智能化的影响因素

随着人工智能产业化应用从娱乐、消费等领域开始向实体经济各行业进军，技术落地难度和面临的问题也将大大增加。在提升产业智能化水平的过程中，以下问题亟待解决。

（1）技术成熟度难以满足工业级需求

人工智能共性技术、融合技术、专项技术等不同层面技术成熟度的不均衡发展是一个非常重要的影响因素。当实验室验证的技术真正面对工业级应用时，算法模型的误差率稳定性等要求全然不同。人工智能芯片、底层开发平台等技术制约，也限制了各行业开展智能化转型的进展。一些单纯采用基于概率为基础的机器学习技术在工业领域往往难以满足其工业性能要求，还需要大数据方法与结合设备建模的机理型方法相结合，实现针对特定问题算法深耕，提升鲁棒性、可解释性、安全性，人工智能技术才能在工业控制、L4 以上的自动驾驶、医疗辅助诊断、军工装备等更宽广的领域落地。

（2）实体经济领域行业数据获取困难

数据是人工智能技术发展的三大驱动力之一。在产业智能化过程中，部分数据处于被垄断的状态，且格式难以统一，数据的行业共享和协作存在困难。人工智能与实体经济深度融合发展需要以行业大数据为基础，然而不同行业的信息化水平不同，数据的可获得性、可通用性和可开发性不同，直接影响人工智能的落地应用。

（3）实体经济领域数字化水平滞后

产业智能化的基础是基础设施和软硬件系统的数字化改造。我国实体经济基本上处于机械化阶段，无法满足制造业数字化转型对数据资源整合的需要，数据资源的价值无法实现最大化。

（4）中小企业智能化转型仍面临成本制约

在当前经济下行的大环境下，企业预算减少，进一步提升了企业开展智能化升级的成本投入压力。

（5）智能基础设施建设尚有较大提升空间

人工智能技术离不开智能基础设施，工业互联网、物联网等支撑工业智能化技术的基础设施仍然相对薄弱，数字化基础设施尚不能满足工业级需求。

（6）实体经济领域 AI 人才严重缺乏

人工智能技术与产业的融合根本上还是人的融合，目前国内产业 AI 人才总量上仍严重不足，企业聘用 AI 人才成本很高，传统企业很难吸引到 AI 人才。

3. 产业与企业智能化发展的对策建议

产业与企业智能化发展应从政策保障、基础设施和发展环境三方面推进。

1）政策保障

（1）加快突破人工智能产业化核心关键技术。强化产业界和学术界的协同创新，加大人工智能产业化核心关键技术的研发力度，重点支持人工智能技术在智能成套装备、智能关键零部件、自动化生产线数字化车间、大型智能装备中的融合研发。

（2）成立人工智能产业投资基金。针对人工智能与行业融合的"硬骨头"问题开展联合研发，加速各垂直行业智能化难点攻关和智能化水平提升。

（3）完善支持融合发展的金融政策。大幅增加制造业中长期贷款，加大对制造企业数字化转型的支持力度，支持科技成果转化基金、科技型中小企业技术创新基金向产业智能化领域倾斜，引导风险投资、产业基金、创业投资基金等更广泛的社会资本投入工业智能化领域，完善多渠道的投融资体系。

2）基础设施

（1）加强智能化基础设施建设。加大对智能化基础设施投入，联合政府资金和企业力量新建一批 AI 算力中心。

（2）大规模推广数字化工厂改造。全面提升企业数据采集能力和工艺过程数字化水平，推动人工智能技术在产品设计优化、工艺流程升级、产品质量检测、设备故障诊断等生产环节的深度应用，促进企业运营管理、物流、市场营销、客户服务等核心业务环节的智能化改造。

（3）加强人工智能技术标准建设。逐步建立并完善人工智能基础共性、多系统互联互通、信息资源共享、安全管理、隐私保护等技术标准。加快制定工业软件、工业大数据、工业物联网、工业云服务等领域相关技术标准。

3）发展环境

（1）降低应用人工智能的技术性门槛。开发一批低门槛的开发模块或组件，降低中小企业应用人工智能技术的门槛。

（2）加快业界 AI 开发技能教育培训。开展 AI 工程师的教育培训，推行"全民普惠"的 AI 技能教育行动。

（3）搭建传统企业与 AI 企业协同创新平台。在智能企业或传统业态设立"智能创新坞"，建立"数据沙盒"试验场景，加速传统业态与新兴技术的融合创新。

思政小结

产业生态学作为一门新兴的、综合与交叉的新兴学科，是研究人类工业系统和自然环境之间的相互作用及其相互关系，协调各学科与社会各部门来解决工业系统与自然生态系统之间冲突的、具体的问题，能够运用生态工程学原理及工业生态学理论来分析和解决我国现今工业实现生态化转向过程中存在的问题,为促进我国尽早实现工业的生态化转向,实现可持续发展奠定基础。工业生态学家利用技术资源创造促进可持续发展的环境。有时工业生态学被称为"可持续性科学"。工业生态学家的目标是实现可持续性的发展,并在世界上建立一个使用自然和技术科学工具的系统,以改善日益恶化的环境。

思考题

(1) 生态工业园的定义是什么?
(2) 生态工业园有哪几个主要特征?
(3) 生态工业园有哪些主要类型?请简要表述各类型特征。
(4) 生态工业园分哪三类?各类工业园的特点是什么?
(5) 产业共生的定义是什么?
(6) 简述产业共生与产业生态体系的关系。
(7) 简述产业共生与产业集群的区别。
(8) 简述产业共生网络与产业共生体系的区别与关系。
(9) 试举一产业共生的案例,并简要描述。
(10) 简述产业生态群落的定义及其与生物群落之间的相似性。
(11) 产业生态系统的定义及结构组成是什么?
(12) 产业生态系统的发育分哪几级?试简要表述。
(13) 什么是物质流和能量流分析?
(14) 产业与企业绿色化和智能化发展的影响因素有哪些?
(15) 产业与企业智能化发展的具体做法有哪些?

参考文献

[1] 中共中央文献研究室. 十六大以来重要文献选编(中)[M]. 北京：中央文献出版社，2006.

[2] 习近平. 推动我国生态文明建设迈上新台阶[J]. 奋斗，2019(03)：1-16.

[3] 中共中央文献研究室. 习近平关于社会主义生态文明建设论述摘编[M]. 北京：中央文献出版社，2017.

[4] 秦书生，胡楠. 绿色发展视域下绿色企业建设探析[J]. 环境保护，2016(9)：42-43.

[5] 习近平. 坚持节约资源和保护环境基本国策 努力走向社会主义生态新时代[J]. 国土绿化，2013，(06)：5.

[6] 李干杰. 划定生态保护红线，确保国家生态安全[J]. 求是，2014(2)：7.

[7] 中共中央关于制定国民经济和社会发展第十三个五年规划的建议[N]. 人民日报，2015-11-04(1).

[8] 邓南圣，吴峰. 工业生态学：理论与应用[M]. 北京：化学工业出版社，2002.

[9] 李素芹，苍大强，李宏. 工业生态学[J]. 北京：冶金工业出版社，2007.

[10] BRADEN R. ALLENBY. 工业生态学：政策框架与实施[M]. 翁端，译. 北京：清华大学出版社，2005.

[11] 温家宝. 2012年政府工作报告[J]. 中小企业管理与科技，2012(8)：10.

[12] 周生贤. 实现历史性转变开创环保工作新局面[J]. 求是，2006(12)：3.

[13] 陆钟武. 经济增长与环境负荷之间的定量关系[J]. 环境保护，2007(04A)：6.

[14] 克平. 监测是评估生物多样性保护进展的有效途径[J]. 生物多样性，2011，19(2)：125-126.

[15] YANG D，YANG Y，XIA J. Hydro-logical cycle and water resources in a changing world：A review[J]. 地理学与可持续性(英文)，2021，2(2)：115-122.

[16] HASSIMI ABU HASAN，MOHD HAFIZUDDIN MUHAMMAD，NUR'IZZATI ISMAIL. A review of biological drinking water treatment technologies for contaminants removal from polluted water resources[J]. Journal of Water Process Engineering，2020(33)：101035.

[17] SCHLOSSER C A，STRZEPEK K，GAO X，et al. The Future of Global Water Stress：An Integrated Assessment[J]. Earth \ "s Future，2014，2(8)：341-361.

[18] 温娟，冯真真，孙蕊. 产业园区绿色循环体系构建技术[M]. 北京：化学工业出版社 2020.

[19] 董萌. 城市水资源循环利用模式探讨[J]. 节能与环保，2020，33-35.

[20] 田百平. 基于水循环的生态工业园区产业链构建研究：以四平市为例[D]. 长春：吉林大学. 2014.

[21] 邱泽刚，徐龙. 能源化工工艺学[M]. 北京：化学工业出版社，2022.

[22] 王平，任汉涛，周慧波. 火电厂水资源循环利用与节水实践[J]. 广东化工，2021，4(48)：96-97.

[23] 董洁，乔建强. "双碳"目标下先进煤炭清洁利用发电技术研究综述[J]. 中国电力，2022，55(8)：202-212.

[24] 杨益. 典型煤气化技术介绍及选择要点分析[J]. 山西化工，2022，5(42)：21-28.

[25] 杨国辉，褚夫奎，李磊. 煤炭气化技术的比较与分析[J]. 山东化工，2021，23：61-67.

[26] 褚晓亮，苗阳，付玉玲，等. 气流床气化技术在我国的应用现状及发展前景[J]. 化工技术与开

发，2013，42（12）：31-34.

[27] 韩雅文，刘固望，蒋立，等. 煤炭清洁利用技术进展与评价综述[J]. 中国矿业，2017，26（7）：81-100.

[28] 张洋. 烟气脱硫脱硝技术的现状及发展分析[J]. 工业技术，2017，16：69-71.

[29] 薛博，刘勇，王沉，等. 碳捕获、封存与利用技术及煤层封存CO_2研究进展[J]. 化学世界，2020，61（4）：294-298.

[30] 齐康. 可再生能源新技术[M]. 银川：阳光出版社，2012.

[31] 时君有，李翔宇. 可再生能源概述[M]. 成都：电子科技大学出版社，2017.

[32] 崔宗均. 生物质能源与废弃物资源利用[M]. 北京：中国农业大学出版社，2011.

[33] ZENG MING, LI CHEN, ZHOU LISHA. Progress and prospective on the police system of renewable energy in China[J]. Renewable and Sustainable Energy Reviews，2013（20）：36-44.

[34] SONG DONGDONG, LIU YUEWEN, QIN TIANBAO, et al. Overview of the policy instruments for renewable energy development in China[J]. Energies，2022（15）：6513.

[35] LR AMJITH, B BAVANIST. A review on biomass and wind as renewable energy for sustainable environment[J]. Chemosphere，2022（293）：133579.

[36] 谢文蕙，邓卫. 城市经济学[M]. 北京：清华大学出版社，2009.

[37] 王军，周燕，刘金华，等. 物质流分析方法的理论及其应用研究[J]. 中国人口资源与环境，2006，16（4）：5.

[38] 厉晓松. 基于系统动力学的储备政策对猪肉价格影响研究[D]. 长春：吉林大学，2022.

[39] 王笑天. 中国经济-资源-环境耦合协调发展研究[D]. 兰州：兰州大学，2021.

[40] 冷碧滨，涂国平，贾仁安，等. 系统动力学演化博弈流率基本入树模型的构建及应用：基于生猪规模养殖生态能源系统稳定性的反馈仿真[J]. 系统工程理论与实践，2017，37（05）：1360-1372.

[41] 杨陈，徐刚，孙金花. 基于系统动力学的文化科技融合创新反馈机制研究[J]. 科技管理研究，2016，36（01）：125-130.

[42] 乔建刚，王傑，李景文. 基于系统动力学：云模型的抗浮锚杆系统风险等级评价[J]. 科学技术与工程，2022，22（21）：9429-9436.

[43] 丁心怡，吉久明. 基于系统动力学的企业财务风险情报分析模型[J]. 中国注册会计师，2022（07）：103-108.

[44] 方嘉琨. 基于系统动力学方法的公立医院HRP项目实施管理研究[J]. 中国卫生信息管理杂志，2022，19（02）：251-255.

[45] 毛鹏，孙小宇，顾素素，等. 基于系统动力学的建筑废弃物可持续管理及实证研究[J]. 土木工程与管理学报，2022，39（01）：68-74.

[46] 王其藩. 系统动力学的历史、现状与发展展望[M]. 上海：三联书店，2004.

[47] 刘夏，张曼，徐建华，等. 基于系统动力学模型的塔里木河流域水资源承载力研究[J]. 干旱区地理，2021，44（05）：1407-1416.

[48] 赵瑞霞. 系统动力学在城市规划中的应用：以呼和浩特市域城镇体系规划为例[J]. 内蒙古科技与经济，2015（15）：30-31.

[49] 王蓓，崔承印，唐志鹏，等. 基于系统动力学模型的北京人口规模预测[J]. 北京规划建设，2015（02）：51-55.

[50] 陈洁. 基于系统动力学的施工企业成本控制研究[J]. 建筑经济，2015，36（03）：96-98.

[51] 贾伟强，王雯，贾仁安. 德邦规模养种系统发展对策的关键变量关联反馈环分析[J]. 中国管理科学，2018，26（01）：186-196.

[52] 李秀平,王俊松. 神经群模型的alpha振荡自反馈回路调控机制研究[J]. 航天医学与医学工程,2021,34(04):314-321.

[53] 胡雯雯,张彩红. 基于反馈回路机制的建设工程施工合同管理研究[J]. 西安文理学院学报(自然科学版),2016,19(03):17-20.

[54] FANG K, HEIJUNGS R, DE SNOO G R. Theoretical exploration for the combination of the ecological, energy, carbon, and water footprints: Overview of a footprint family [J]. Ecological Indicators,2014,36:508-518.

[55] WRIGHT L A, KEMP S, WILLIAMS I. Carbon footprint: towards a universally accepted definition [J]. Carbon Management,2011,2(1):61-72.

[56] 计军平,马晓明. 碳足迹的概念和核算方法研究进展[J]. 生态经济,2011(4):76-80.

[57] 张琦峰,方恺,徐明,等. 基于投入产出分析的碳足迹研究进展[J]. 自然资源学报,2018,33(4):696-708.

[58] 童庆蒙,沈雪,张露,等. 基于生命周期评价法的碳足迹核算体系:国际标准与实践[J]. 华中农业大学学报:社会科学版,2018(1):46-57.

[59] 袁增伟,毕军. 产业生态学[M]. 北京:科学出版社,2010.

[60] 中国标准化研究院. 环境管理 生命周期评价 原则与框架:GB/T 24040—2008[S]. 北京:中国标准出版社,2008.

[61] 王寿兵,吴峰. 产业生态学[M]. 北京:化学工业出版社,2006.

[62] 李天威,周卫峰,谢慧,等. 规划环境影响评价管理若干问题探析[J]. 环境保护,2007(11B):4.

[63] 潘岳. 全力推进规划环评为历史性转变做出更大的贡献[J]. 环境保护,2006,000(023):7-11.

[64] 任效乾,王荣祥. 环境保护及其法规[M]. 北京:冶金工业出版社,2005.

[65] 里基·泰里夫,泰里夫,Therivel,等. 战略环境评价实践[M]. 北京:化学工业出版社,2005.

[66] 杨志峰,刘静玲. 环境科学概论[M]. 2版. 北京:高等教育出版社,2010.

[67] HENNINGSSON S, HYDE K, SMITH A, et al. The value of resource efficiency in the food industry: a waste minimisation project in east anglia, UK[J]. Journal of Cleaner Production,2004,12(5):505-512.

[68] 钟书华. 工业生态学与生态工业园区[J]. 科技管理研究,2003,23(1):58-60.

[69] 李杨. 产业生态系统的格局、过程与可持续性研究[D]. 北京:清华大学,2019.

[70] 王磊,龚新蜀. 产业生态化研究综述[J]. 工业技术经济,2013,32(07):154-160.

[71] 韩峰,杨东,李玉,等. 产业共生网络演化研究进展[J]. 中国环境管理,2019,11(6):113-120.

[72] 刘长灏,叶瑾汶,崔华,等. 产业共生系统演进问题的研究[J]. 环境保护科学,2019,45(1):9-13.

[73] 周文宗,白宇,蔡庆华. 麦麸-黄粉虫-鳝鱼食物链的物流与能流分析[J]. 江苏农业科学,2004(2):72-74.

[74] 文艺. 基础设施生态系统的能流分析[D]. 天津:天津大学,2018.

[75] 刘伟,鞠美庭,李智,等. 区域(城市)环境:经济系统能流分析研究[J]. 中国人口·资源与环境,2008,18(5):59-63.

[76] 陶火生. 当代产业形态的三大生态化转型比论[J]. 南京林业大学学报(人文社会科学版),2016,16(3):103-114.

[77] 韩秋明,王书华,杨学成,等. 产业智能化的发展机理、影响因素及对策建议:基于行业专家访谈的质性研究[J]. 中国科技论坛,2021(8):59-69.

[78] GRAEDEL T E, ALLENBY B R. 产业生态学[M]. 2版. 施涵,译. 北京:清华大学出版社,2004.